狼道 密说

人生中的狼性法则

程鹏◎编著

中国华侨出版社

·北京·

图书在版编目 (CIP) 数据

狼道密说：人生中的狼性法则 / 程鹏编著 .—北京：中国华侨出版社，2011. 4（2025. 6 重印）
ISBN 978-7-5113-1295-2

Ⅰ . ①狼… Ⅱ . ①程… Ⅲ . ①成功心理 – 通俗读物
Ⅳ . ① B848.4 –49

中国版本图书馆 CIP 数据核字（2011）第 041312 号

狼道密说：人生中的狼性法则

编　　著：程　鹏
责任编辑：唐崇杰
封面设计：周　飞
经　　销：新华书店
开　　本：710 mm×1000 mm　1/16 开　　印张：12　　字数：136 千字
印　　刷：三河市富华印刷包装有限公司
版　　次：2011 年 4 月第 1 版
印　　次：2025 年 6 月第 2 次印刷
书　　号：ISBN 978-7-5113-1295 -2
定　　价：49.80 元

中国华侨出版社　北京市朝阳区西坝河东里 77 号楼底商 5 号　邮编：100028
发 行 部：（010）64443051　　　　传　真：（010）64439708

如果发现印装质量问题，影响阅读，请与印刷厂联系调换。

前 言

在动物进化过程中，一切动物都有它的共性——原始社会性。即使当今已经理性化的人类，在特定环境也会产生原始的野性，这是诸多科学家的共识。人类在特定环境爆发出的野性，在本质上和狼性中的"野"没有什么区别，这也是一种巨大的"潜能"。

众所周知，狼这种动物拥有无比坚定的信念：团结、坚毅、镇定、永不放弃、孤傲、聪明、敏捷、韧性十足。"狼"集智慧、机灵、团结于一身，是极具拼搏力、顽强执着、不停为生存而奋斗的群体动物。

狼的生存，就是在恶劣的环境中积极地创造生存空间。

狼的同体，就是在充满争斗的残酷竞争中凝聚自身强大的团队力量。

狼的智慧，就是在强者之列不断竞争、超越。

欺软怕硬是动物的天性，弱肉强食是自然的制律。懂得进攻，更懂得退却，不怕赤裸，更巧于伪装，既能孤身奋战，也善于群体攻防，狼精通丛林与荒野的游戏规则，所以总能巧立于不败之地。

狼不会为了嗟来之食而不顾尊严向人类摇尾乞怜，因为狼知道，决不可有傲气，但不可无傲骨，所以狼有时也会忍受寂寞，独自哼哼自由之歌，做生活的强者。

什么是强者，为什么强者这个名字总是别人的，而不是你的呢？那是因为他们具有在逆境中崛起的坚韧毅力，而坚忍的毅力来源于对事业孜孜不倦的追求。这种对生活的追求和向往，能够激发出巨大的力量，帮助强者战胜困难。因而，做人要具有狼性，懂得狼道。

狼道，实际上就是今天的优秀者、成功者可贵的人道，是那些敢于向命运挑战、永不服输、安身立命者不可或缺的人道，也是我们在竞争中立于不败的人道！没有其他动物能像狼一样让人敬佩，值得学习！因而，我们要向狼学习，向狼致敬！

目 录

狼道密说一：
识人无术会失败，但看不清自己更糟糕

生命的价值取决于自己的态度 // 002

正确地评价自己 // 004

明确自己下一步应该迈出一个什么样的步伐 // 007

善于审视自我是笑傲江湖的入门课 // 008

找到发挥自己优势的最佳位置 // 011

胜算在胸，不做没把握的事 // 012

小心谨慎地避开陷阱 // 015

狼道密说二：
让别人相信你，就要先相信自己

先相信你自己，然后别人才会相信你 // 018

只要去做，就没有不可能 // 020

有了自信，才会成功 // 023

及时给自己打气 // 025

活着就应有一点精神 // 029

努力奋斗在"今天" // 032

狼道密说三：
永不服输，这是你生存的资本

迎难而上才能超越平凡 // 036

敢拼的人才会赢 // 038

别丢掉"野心"和欲望 // 041

任何事都要全力以赴 // 044

狼心切断自己的退路 // 047

永远都不要满足 // 049

狼道密说四：
兵不厌诈，困难面前灵活应对

成功的关键不只在于想法，更在于方法 // 054

虚张声势，出奇制胜 // 057

障碍面前懂得绕道而行 // 060

利用对方的弱点做文章 // 063

懂得选择与放弃 // 067

尽量避免正面的冲突 // 072

狼密说五：
敢于冒险，成功才没有风险

无畏无惧是狼的天性 // 078

关键时刻需要一种豁出去的心态 // 081

真正的狼敢于在冒险中成长 // 084

放手一搏赢得曙光 // 089

明知山有虎，偏向虎山行 // 092

狼道密说六：
忍得一时之凄凉，方可赢得万世之辉煌

狼道之等待 // 096

无论面对什么，一定要镇静 // 102

孤独是一种境界 // 105

咬定青山不放松也是一种忍耐 // 110

凡事要想明白了再动手 // 114

狼道密说七：
失败不可怕，卷土才会重来

人倒了，精神也不能倒 // 118

成功需要勇气 // 121

像恭候成功那样恭候失败 // 123

理性地看待失败 // 126

学会卷土重来 // 131

人生最大的光荣不在于永不失败，而在于屡败屡战 // 135

狼道密说八：

摒弃个人主义，并肩前进是提高进攻效果的捷径

多一些关爱，多一些和谐 // 140

并肩战斗是提高进攻效果的捷径 // 145

用亲和友善打通处世的关节 // 149

换一种沟通方式也许能改变结果 // 152

对一些不公平的事不要斤斤计较 // 155

狼道密说九：

模仿很重要，但不要生搬硬套

于变化中求生存 // 160

打破思维定式 // 164

穿自己的鞋,走自己的路 // 167

忌"一条路跑到黑" // 171

调整自己才能不断地发展自己 // 175

洞悉被别人忽略的盲点 // 177

在他人想不到的地方下功夫 // 180

狼道密说一：
识人无术会失败，但看不清自己更糟糕

狼是捕猎的高手，它们捕猎的成功率在自然界中是首屈一指的，在捕猎之前，它们会在第一时间明确自己的目标，并衡量自身的优势和劣势；它们对每一种猎物的习性都了如指掌，对于这些动物的速度、力量、体重等常规数据，狼的心里都有一本明细账。对于狼来说，这是捕猎的基本功，只有做到这些，狼才能因势利导、对症下药，最大限度地提高捕猎的效率。其实，人生中也是如此。很多时候，我们都强调识人的重要性，但真正决定成败的关键不在于识人，而在能正确认识自己。

生命的价值取决于自己的态度

狼有一种天生的野性，从出生的那一刻起，它们就明白自己的使命：那就是不停地战斗，为了荣誉，为了尊严，为了猎物！这就是狼给自己的定位，要永远做个强者，所有的一切都要为这个目标服务。

一个人如果也能明确自己的定位，摆正自己的位置，那么他生命的价值就会最大限度地体现出来。

人的一生都在追求一种价值。他们想要知道什么是珍贵，什么是微不足道。可是，越来越多的人却没有考虑过，自身的价值何在？热门话题，流行时尚，理想职业，最新潮流……在社会的喧嚣中，在别人的影响下，许多人迷失了自我，没有一个明确的定位，总是按照别人的看法设计，可是，你应该牢记：自己的人生自己把握，不能让自己"生活在别处"。

一般人总是相信，当他们投身于时下最为热门的行业，就俨然处于社会光环的中心，就会得到权力、地位和财富，实现自我的价值。不过，等他们花尽毕生的力气追求之后，他们才恍然大悟，原来自己真正应该做的事情没有做，自己所追求的很多热门根本不适合自己，或者根本就没有意义，只是炫目的泡沫。

在美国的一个小酒吧里，一位年轻小伙子正在用心地弹奏钢琴。说实话，他弹得相当不错，每天晚上都有不少人慕名而来，认真倾听他的弹奏。一天晚上，一位中年顾客听了几首曲子后，对那个小伙子说："我每天来听你弹奏都是这些曲子，你不如唱首歌给我们听吧。"这位顾客的提议获得了不少人的赞同，大家纷纷要求小伙子唱歌。

然而，那个小伙子面对大家的请求却变得腼腆起来，他抱歉地对大家说："非常对不起，我从小就开始学习弹奏乐器，从来没有学习过唱歌。我长年累月地坐在这里弹琴，恐怕会唱得很难听。"那位中年顾客却鼓励他说："小伙子，正因为你从来没有唱过歌，或许连你自己都不知道你是个歌唱天才呢！"此时酒吧的经理也出来鼓励他，免得他扫了大家的兴。

小伙子认为大家想看他出丑，于是坚持说只会弹琴，不会唱歌。酒吧老板说："你要么选择唱歌，要么另谋出路。"小伙子被逼无奈，只好红着脸唱了一曲。哪知道他不唱则已，一唱惊人，大家都被他那流畅自然、男人味十足的唱腔迷住了。在大家的鼓励下，那个小伙子放弃了弹奏乐器的艺人生涯，开始向流行歌坛进军。这个小伙子后来居然成了美国著名的爵士歌王。要不是那被逼无奈地开口一唱，这位歌王可能永远坐在酒吧里做一个三流的演奏者。

"人摆错了位置就永远是庸才。"其实很多时候是自己把自己当成了垃圾随地乱扔，荒废了自己的才能。身处市场经济的时代，市场经济的运作十分强调把资源配置到最能发挥效率的地方，应该认识到，人自身也是一种资源，应该寻找最适合自己的岗位，并对自己的兴趣保持一份坚定与执着。

的确，如果你自己都不把自己当回事，就别指望别人的器重。生命的价值首先取决于你自己的态度。珍惜独一无二的自己，珍惜这短暂的几十年光阴，然后再去不断拓展自己，世界才会认同你的价值。

正确地评价自己

在狼群中，并不是所有的狼都能成为头狼。如果真有这个潜质，那么努力去争取，当然无可厚非。但如果暂时受自身条件限制，而没有这个实力，那就做个本分普通的狼也未尝不是最佳的选择。好在几乎所有的狼都能这样客观公正地评价自己，这就是狼群内部团结、所向披靡的秘密所在。

学习狼道法则，人类也应该正确地评价自己。能够正确地作出判断是很幸运的。如果一个人对自己作出的评价是错误的，做了不可做的事、不该做的事，这样会使社会秩序混乱。对于社会的第一义务是判定自己的价值，也就是要正确地认识、评价自己，这是很重要的。

"马杜罗，你跟我出来一下。"

自习课上，当同学们聚精会神写作业时，马杜罗却趴在课桌上打瞌睡。他跟在迈克老师后面，无精打采地走出了教室。

"你相信石头会开花吗？"老师的手掌里，躺着一枚光滑的鹅卵石。马杜罗不肯开口说话，只摇了摇头。两年前，因为一次偶然的患病，他落下了口吃的毛病；因为担心被别人嘲笑，他变得自卑，很少说话，学习成绩也一落千丈。

老师让马杜罗坐下来，拿出一把小巧的工具刀，埋头开始雕刻。很快，石头的上面，一朵小花栩栩如生。"你看，石头其实是可以开花的，只不过需要你转变一下思路而已。"老师又说："我知道你一直喜欢看书，好故事应该与大家一起分享。周末的班会上，我希望能听到你的声音……"

马杜罗告别老师时，心情很复杂。回到家里，他开始认真练习，对着镜子纠正自己的发音，一遍，两遍……周末那天，因为口吃总是躲在角落里的马杜罗，居然主动站到讲台上。虽然他紧张得大汗淋漓，说话也不是特别流畅，大家却送给了他最热烈的掌声。

多年以后，大学毕业的马杜罗，早已改掉了口吃的毛病，成长为俊朗的小伙子。酷爱看书的他，梦想成为一名职业作家，整天躲在租来的房子里写文章。不料，所有投出去的稿子，或者毫无音讯，或者收到退信，从来没有一篇能够发表。

那天，马杜罗发现口袋里的钱只能再勉强维持几天的生活了。他怀着沮丧的心情，独自在街头漫步，竟然在街头邂逅了多年不见的迈克老师。与当年不同的是，老师早已经离开课堂，成了一位著名的雕刻家。

当他一口气说出心中的烦恼时，老师微笑着说："你知道我手里那块石头为什么能开花吗？首先，因为我酷爱雕刻，每天所有的业余时间，都用来学习这方面的知识。另外，不管做什么事情，仅有喜欢还不够，更重要的是要适合。就像我，每次将雕刻刀握在手中时，灵感总是如约而至……"

马杜罗倒吸了一口凉气，他想起自己每次写字时的艰难，那种搜肠刮肚的痛苦，忽然就明白了，自己喜欢文字，却只适合当一名读者，而不是一位作者。

不久，马杜罗就按照街头的广告，跑去一家广告公司应聘。一年后，他又成为一名公交车司机。为人谦虚、热情大方的他，受到同事们的尊敬，被选为行业工会领袖。于是，在工作之余，他又多了一项任务，那就是为争取普通工人的权益而奔波。从此，他慢慢步入了政坛，开始了不一样的人生旅程。

2012年10月10日，尼古拉斯·马杜罗被任命为副总统！这个消息，像长了翅膀一样，迅速传遍了委内瑞拉的每个角落。几乎所有熟悉马杜罗的人，都不敢相信自己的耳朵：他真的是当年那个口吃的马杜罗吗？会不会搞错？

记者们蜂拥而至，面对他们连珠炮般的提问，马杜罗从容地反问："你们相信石头会开花吗？我信。"说着，他微笑着伸出手来，掌心里躺着的，正是迈克老师当年赠送的那块鹅卵石，隔了这么长的光阴，刻在上面的花朵，依然那么栩栩如生。

我们生命中的很多东西都是与生俱来，甚至是不可逆转的，就像我们的双脚，脚的大小是无法选择的，那我们就应该选取一双适合自己的鞋，换而言之，我们应该努力去寻找适合自己做的事情，而不是把时间和精力用在不属于自己的地方。

事实证明，大部分人遭到失败的原因，在于他们错误地判断自己的能力，低估或高估了自己。

明确自己下一步应该迈出一个什么样的步伐

很多狼在出去捕猎之前都会有一个小小的仪式，那就是站在高处仰天长啸。它们仅仅是在练嗓子吗？不，它们之所以站在高处，就是为了确定此次捕猎行动的方向。狼知道，只有方向正确，才能事半功倍。

其实人生也是这样，今天你站在哪里并不重要，重要的是你下一步该迈向哪里。方向正确，永远比跑得快重要。条条道路通罗马，也通向了你并不想去的地方。方向错误，哪怕你奔波劳碌，不眠不休，终其一生，也不能到达你向往的地方。反之，只要方向正确，你根本用不着那么辛苦，也能比别人更快地到达成功的彼岸。

本内特出生在加拿大安大略省的一个小镇。他一共有八个兄弟姐妹，家境贫寒，所以15岁就到采石场干活了。但本内特并不甘心自己的一生就困在采石场中，他常常会利用一些闲暇时间听老人们讲述小镇的历史。从那些交谈中，他了解到了外面的世界与小镇的差距，他决定要到外面闯一闯。18岁那年，他辗转来到多伦多，又从那里到了美国。

在美国的生活非常困苦，有多少次他都想回到家乡，感受家乡的温暖，但每每此时，令一个声音就会在心中响起："你是要改变命运的！"

在不懈的努力下，20岁时，本内特获得了石匠资质认证，不久，政府决定在林肯纪念碑上雕刻林肯的"葛底斯堡讲演词"，乔治凭借出色的技艺成功入选。在雕刻林肯讲演词的时候，本内特被林肯的人生经历彻底打动了。他想：林肯早期的命运几乎和自己一样，但他坚信自己会是个出色的人，在一次次的失败以后一次次地站了起来，最后竟然成了最伟大的总统。那么，如果自己决心改变命运，也一定是能够做得到的。

从那一刻起，他心中的信念更坚定了：本内特一定能够成为更有用的人！他要当律师。本内特过去只在小镇上过几年学，想到华盛顿大学国家法律中心学习，这个事情的难度不言而喻，何况他每天还要参加大量的工作。但是，困难并没有削弱本内特改变命运的意志，他一下班就去夜校进修英文，他的工作兜里除了凿子、锤子还时刻都装着课本，他在吃饭的时候都不忘记学习……

苦心人，天不负。本内特终于考入了华盛顿大学国家法律中心，他在几年的时间里先后获得了法学学士和法学硕士学位。他先是在华盛顿担任律师，工作非常出色，得到了人们的认可，也为自己赚下了第一桶金。后来，他前往纽约开办了一家法律事务所，逐步进入了美国的上流社会。

怎样比别人做得更好呢？勤奋与敬业必不可少，但只有这两条还远远不够。你最好把努力方向定在自己的强势项目上。

对于很多人而言，你的天赋即是你的强势项目。这是你最容易出成果的地方。思考一下自己究竟想要做什么，究竟适合做什么，比什么事情都重要。

善于审视自我是笑傲江湖的入门课

善于审视自我是狼最宝贵的特征之一，它们通过观察周围的事物来衡量自身的优势和劣势。它们知道自己能干什么、不能干什么，该干什么不该干什么。狼群之所以在几万年的进化过程中练就了出色的奔跑能力，一个主要的原因就在于：论力量，它们深知自己比不过老虎、狮子之类的庞然大物；论灵活，自己更比不过兔子、黄羊等食草动物，所以，狼根据自己的优势，练就了自己独特的能力——奔跑。

如果不充分了解自己的长处，只凭自己一时的兴趣和想法，那么就难免要走很多弯路。

可以说，那些成大事的成功者，都有一个共同的特征：不论才智高低，也不论从事哪一种行业、担任何种职务，他们都在做自己最擅长的事情。

有一位知名的经济学教授曾经引用三个经济原则对运用自身优势获得成功的方法做了贴切的比喻。他指出，正如一个国家选择经济发展策略一样，每个人应该选择自己最擅长的工作，做自己专长的事，才会胜任并感觉愉快。

第一个原则是"比较利益原则"。当你把自己同别人相比时，不必羡慕别人，你自己的专长对你才是最有利的。

第二个原则是"机会成本原则"。一旦自己做了选择之后，就得放弃其他的选择，两者之间的取舍就反映出这一工作的机会成本，所以你一旦选择必须全力以赴，增加对工作的认真程度。

第三个原则是"效论原则"。工作的成果不在于你工作时间有多长，而在于成效有多少，附加值有多高，如此，自己的努力才不会白费，才能得到适当的报偿与鼓舞。

成功最终是由自己造就的，因此你不必看轻自己，你要相信你的能力才是世界上独一无二的，你也许正在完成一件非常了不起的事情，说不定在哪一天，你就真的可以变得"很不平凡"，而成为大家羡慕的成功者。

在工作中，有些人打拼了许多年，却依然是碌碌无为，看不到一丝成功的迹象，成功则成了遥不可及的事情。而对于成功，不但他们自己，甚至连别人都觉得凭他们的能力和努力，也应该会有一番成就的。分析他们不成功的原因，就在于他们几乎都没有将自己的才干用在最有把握的工作上，也就是说没有做自己最擅长的事，把才干用错了方向。

你撇开了自己最擅长的工作，无异于抛弃了你最重要的竞争优势，等于扬短避长。在你不擅长的工作岗位上，即使你费了九牛二虎之力，克服了自己的诸多弱点，至多也不过使你得到一个业余专家的地位而已。因此，你要想在生活中取得成功，就要选择自己最擅长的工作，不然，你表面上看起来在向成功积极迈进，实际上却是南辕北辙。

要想做最擅长的事，你必须认清自己真正的才能和限度，也就是说你具备的才能最适宜干什么领域内的工作，在这个领域内你所能达到成功的限度是什么。也就是说，首先你一定要知己。既不要轻视自己，也不要看高自己，给自己做一番中肯的评价。如果你对自我评价有点不自信的话，可以咨询专家、亲人或者朋友。当然，最重要的还是听从于心灵的需要，因为你对某项工作表现出来的热情，以及由此挖掘出的潜力，没有人比你自己更清楚。

找到发挥自己优势的最佳位置

狼跟狼之间虽然存在着很多共性，但个体间的差异也是在所难免的。有些狼在耐寒方面比较出众，有些狼在耐热方面比较突出，有些狼在长途奔袭方面比较突出，等等。而难能可贵的是，狼总能根据自己的优势去选择自己的最佳位置，所以，所有恶劣的环境中，几乎都能发现狼的踪影，并且在各自的环境中总能称霸一方。

"尺有所短寸有所长。"每个人都有自己的长处，如果你能经营自己的长处，就会给你的生命增值；反之，如果你经营自己的短处，那就会使你的人生贬值。

有一个小男孩儿非常喜欢柔道，在他人的引荐下，一位著名的柔道大师答应收他为徒。然而，小男孩儿还没有来得及开始学习，就在一次车祸中失去了右臂。那位柔道大师找到小男孩儿，说："如果你还想学习，我依然会收你做徒弟的。"于是，小男孩儿在伤好后，就跟着大师开始学习柔道。

小男孩儿知道自己的条件不如别人，因此学得格外认真。然而半年过去了，师傅只教了他一招，小男孩儿感到很纳闷，但他相信师傅这样做一定有他的道理。又过了半年，师傅反反复复教的还是这一招，小男孩儿终于忍不住了，他问师傅："我是不是该学学别的招数？"师傅回答说："你只要把这一招真正学好就够了。"

又过了半年，师傅带小男孩儿去参加一次柔道比赛。当裁判宣布小男孩是本次大赛的冠军时，他自己都觉得不可思议。只有一条手臂的他，第一次参赛就以唯一的一招打败了所有的对手。回家的路上，小男孩儿疑惑地问师傅："我怎么会以一招得了冠军呢？"师傅答道："有两个原因：第一，你学会的这一招是柔道中最难的一招；第二，对付这一招的唯一办法是抓你的右臂。"

世界上没有绝对的废物，万物的存在都有它自身的价值。只要找到勇敢出击的突破口，谁都是可用之才。而对每个人来说，自身的缺陷在某种情形下正是自身的优势所在，而这种优势是独一无二的，更是别人无法模仿的。

找到自己的优点，即使你只是一根火柴，你也会发出光与热。因为上帝给你关上一扇大门的同时，必然会给你打开一扇窗。只要打开那扇窗，阳光就会洒满心房，照亮七彩的人生。

当然，并非发现了自己的优势就会取得成功，还需要在各方面进行努力。每个人都会有价值体现的，发挥自己优势的机会，就如儿歌中写的那样："鲜花遍地开，朵朵惹人爱。"你要时时告诉自己，世界因为有你的存在而美丽。

胜算在胸，不做没把握的事

因为狼专注于自己的捕猎行动，它就必须对每一种猎物的习性都了如指掌，黄羊、旱獭、马等等，对于这些动物的速度、力量、体重等常规数据，狼的心里都有一本明细账。只有知己知彼，狼才能因势利导、对症下药，少作或不作无用功。

军事上讲：不打没有把握的仗，同理，我们办事也不要办没把握的事，因为，办有把握的事，才会有胜算；办有把握的事，成功的概率才会更大。

要想达到办事成功的目的，就必须有一点绝招，见人之所未见，行人之所未行，方可达到出奇制胜的目的。

有个商人，他把独生子鲁特送到外国去读书。不久这个商人突然病倒了，在弥留之际，他立下遗嘱，把家中所有财产都转让给了长期服侍自己的贴身奴隶。不过如果他的儿子鲁特要财产中的哪一件，奴隶须毫无条件地满足他。商人死了以后，奴隶很高兴。他披星戴月赶往国外，找到小主人，把老爷临死前立下的遗嘱拿给他看，鲁特看了以后十分伤心。

安葬好父亲后，鲁特一直在心里盘算自己应该怎么办。最后，他跑去找一个叫罗德曼的朋友，向他说明了情况。罗德曼听了以后说："你的父亲非常聪明，而且非常爱你。"鲁特不满地说："把财产全部送给奴隶的人还谈得上什么聪明，简直是愚蠢。"

罗德曼叫鲁特多动动脑子，仔细想想父亲希望他要的东西是什么。罗德曼告诉他："你父亲非常清楚，自己死后，身边没有一个亲人，奴隶可能会带着自己辛苦挣来的遗产逃走，说不定连招呼都不打。所以，你父亲才在你不在身边的情况下使用了这种把全部遗产保护下来的办法。"可是，鲁特还是无法明白，既然都送给奴隶了，保管得再好，对他又有什么好处。

罗德曼见鲁特死不开窍，只好实话实说："奴隶的财产全部属于主人，这你是应该知道的。你父亲不是给你留下了一样财产吗？你只要选那个奴隶就行了。这是多么精明的想法呀！"

鲁特终于明白了父亲的良苦用心。原来，父亲使用了一个权宜之计，遗嘱中所给予奴隶的一切用一个"但是"作为前提，把奴隶美好的一切都变成了梦幻泡影。这个"但是"是这个商人所立遗嘱的关键。说穿了，商人在立遗嘱时就设下了计谋让它无效，在立约时就准备要毁约，因为他当时面临的是"要么让步，要么彻底失去"这种无可奈何的选择，所以他只能选择让步，把全部财产让给奴隶，使奴隶不至于带着财产逃走。这种让步是他心有不甘的，把财产全部给奴隶，和奴隶带着财产逃走是一回事。为了解决这个难题，聪明的商人给遗嘱装进了一个自爆装置，鲁特只要找到这个装置，就可以在履约的形式下取得毁约的效果。果然，在罗德曼的开导下，鲁特真的启动了这个自爆装置，严肃的遗嘱在形式上得到了履行，而对于那个奴隶来说，没有任何的意义。这就是出奇制胜。

我们在办事时，蕴涵着很多的技巧，出奇制胜就是其中之一。智慧的商人正是利用此招数成功地保住了自己的财产，他的做法很值得我们学习和借鉴。

因此，办事情的时候，只要心中有把握，再加上头脑中有出奇制胜的方法，事情就一定能够办成。

小心谨慎地避开陷阱

狼是一种多疑的动物,有时候,猎人为了抓获一只狼,就布下诱饵,但是狼却不一定上当,当它察觉到危险的时候,哪怕再饿它也不会贸然地去"虎口夺食"。

自然界中危险处处存在,为了自保,狼势必要让自己的性格中多一份谨慎小心。这份谨慎和小心同样值得我们学习。

钓鱼的人要下饵,骗子往往先诱人以小利,许多"聪明人"在捡到"甜头"的时候,就忘了"天上不会掉馅饼"的道理,不加防备地走进人家设好的圈套,以至于不得不独自品尝更大的"苦头"。

11岁的布鲁克林和父亲在芝加哥一条热闹的大街上漫步。经过一家服装店,门口站着一个笑容可掬的圆脸男子。他一见布鲁克林他们,立刻向他父亲伸出手来,一副兴高采烈的样子,嚷嚷道:"先生您请进,欢迎您光临本店!我们有一种漂亮的服装,配您的身材再好也不过了!今天大减价,您可别错过良机啊!"

布鲁克林的父亲说:"不,谢谢!"他们继续散步。布鲁克林回头扫了一眼,那位能说会道的推销员又缠上了另一个人。他抓着那人的胳膊,边向他介绍一种蓝色带条纹的套装如何如何,边拉着他进了店铺。

"这对康纳利兄弟呀,"父亲轻轻笑道,"他们靠装耳朵聋赚的钱已经供三个孩子上了大学。"

奇怪,装聋也能发财?接着,父亲为布鲁克林解开了疑团。

原来,这两兄弟中的一个把顾客哄骗进店里,劝说顾客试试新装是易如反掌的,这样前前后后摆弄一阵,顾客最后总要问道:"这衣服价钱多少?"

这位康纳利先生把手放在耳朵上:"你说什么?"

"这服装多少钱?"顾客高声又问了一遍。

"噢,价格嘛,我问问老板。对不起,我的耳朵不好。"

他转过身去,向坐在一张有活动顶板的写字台后面的兄弟大声叫道:"康……纳利……先生,这套全毛服装定价多少?"

"老板"站了起来,看了顾客一眼,答话道,"那套吗?72美元!"

"多少?"

"92美元。""老板"喊道。

他回过身来,微笑着对顾客说:"先生,62美元。"顾客自认为走运,赶紧掏钱买下,溜之大吉。

这场骗局的妙处,在于康纳利兄弟的狡猾欺诈与顾客急不可耐的上钩配合默契,相映成趣。生活中这类的事情也屡见不鲜。

一分耕耘一分收获,世界上没有不劳而获的事情。不要被突如其来的实惠或好运迷惑,其实天上是不会掉馅饼的,然而生活中的陷阱实在太多了。金钱、名誉、地位、美女、机遇……其实所有的陷阱都有一个共同特点:就是抓住人们爱贪便宜的心理,使人像中了魔似的不能脱身,毫不犹豫地跳进陷阱里。掉进陷阱里的人,全都是因为贪图不该属于自己的东西,被不属于自己的东西所诱惑,结果总是得不偿失的。

一些"聪明人"经常会因为得到了一些蝇头小利而扬扬自得。生活在这样一个充满诱惑的时代,你需要保存一分对世事的清醒,面对诱惑多一些思索、多一分清醒,就不会被生活的陷阱欺骗、套牢了。

狼道密说二：

让别人相信你，
就要先相信自己

在自然界中，狼是最难驯服的动物之一，从它们的铮铮傲骨中所体现的那种永不屈服、永不认输的精神，实质上就是一种强大的自信。它们相信自己是最出色的，它们不会被任何难题和挑战吓倒，它们坚守自己的狼道法则，它们的心态永远积极向上。人也要学习狼的这种心态，拥有自信，永远相信自己。

先相信你自己，然后别人才会相信你

在茫茫的大草原上，有这样一匹狼，它出生的时候就不像别的狼那样强壮，由于身体虚弱，无论是捕猎还是分配食物，哪方面它都竞争不过其他的狼，在狼群中，它只能在最底层挣扎。

然而，这匹狼并没有就此沉沦下去，这些遭遇反而激起了它的野心，它相信，自己一定会是一匹出色的头狼。为了证明自己的价值，这匹狼决定离开狼群独自出去闯荡。

在残酷的生存环境中，这匹狼得到了极度的历练，无论是身心还是意志，都已经不同以往。唯一不变的是，它始终相信自己会是一匹头狼。

一天，它依然像往常一样在草原上游荡时，遇到一群狼正在围攻一头野牛。那头野牛十分凶猛善战，围攻的狼群所受到的损失不小，眼看这头野牛就要冲出狼群的包围。这匹狼看到这种情景之后，长嚎一声，就像是离弦的利箭般朝野牛扑去，一口咬住了野牛的咽喉。那头野牛在挣扎了几下之后倒在了地上。

它的出现震惊了这群狼，并被它的勇敢所征服，它便自然而然地成了这群狼的领袖。

这匹狼历经坎坷，几次都濒临死亡的边缘，但是因为信心不灭，它最终成为一匹优秀的头狼。

人生命运的选择，其紧要处往往取决于自己。各种归途与结果悬于一念！这个"念"，就是你的"观念"。要知道，生命没有高低，人生没有副本，任何时候都不要看轻自己。一个人，只有肯定自我价值，才不会吃亏，才能活得更精彩。

受到环境影响，部分企业也很不景气，一家濒临倒闭的食品公司为了起死回生，决定裁员三分之一。有三种人名列其中：一种是清洁工，一种是司机，一种是无任何技术的仓管人员。

经理找他们谈话，说明裁员的意图。

清洁工说："我们很重要，如果没有我们打扫卫生，没有清洁优美健康有序的工作环境，你们怎么会全身心地投入工作？"

司机也说："我们很重要，这么多产品没有司机怎能迅速销往市场？"

仓管人员又说："我们很重要。如果没有我们，产品岂不是全部都要丢失掉了？"

经理觉得他们说的话都很有道理，权衡再三决定不裁员，重新制定了管理策略。最后经理令人在厂门口悬挂了一块大匾，上面写着："我很重要！"每当职工来上班，第一眼看到的是这四个字。这句话调动了全体职工的积极性，几年后这家公司迅速崛起，成为本地知名公司之一。

我们选择什么，我们就会成为什么样的人。只要我们找到了适合的地方，我们就能克服一切困难，达到目标，但这一切都需要勇气。

事实上，你值得让人爱，让人尊重，只因为你是你。

总之，每个人的命运都在自己手中，每个人都可做出惊世骇俗的业绩，关键就在于能否做到重视自我。谁要是总将命运寄托于他人，祈求他人的重用,那结果必将是受人役使和摆布。为了避免这种情况的出现,避免自己不吃亏,你要牢记住这句话:只有自己相信自己,别人才会相信你!

只要去做,就没有不可能

在狼的世界,只要有一点机会,在它们的意识里就不会轻易出现"不可能"这个概念。不管生存的道路多么坎坷,它们始终相信自己是世间的强者,始终相信,只要去做,就一切皆有可能。

"没有不可能",这句话就仿佛像是句咒语,象征着补充力量和勇气的咒语。"没有不可能",就是令人神往的种种"可能"。

他是黑人,出生在纽约布鲁克林贫民区。他有两个哥哥、一个姐姐、一个妹妹,父亲微薄的工资根本无法维持家用。他从小就在贫穷与歧视中度过。对于未来,他看不到什么希望。没事的时候,他便蹲在低矮的屋檐下,默默地看着远山上的夕阳,沉默而沮丧。

13岁的那一年,有一天,父亲突然递给他一件旧衣服:"这件衣服能值多少钱?""大概1美元。"他回答。"你能将它卖到2美元吗?"父亲用探询的目光看着他。"愣货才会买!"他赌着气说。

父亲的目光真诚又透着渴求:"你为什么不试一试呢?你知道的,家里日子并不好过,要是你卖掉了,也算帮了我和你的妈妈。"

他这才点了点头："我可以试一试，但是不一定能卖掉。"

他很小心地把衣服洗净，没有熨斗，他就用刷子把衣服刷平，铺在一块平板上阴干。第二天，他带着这件衣服来到一个人流密集的地铁站，经过 6 个多小时的叫卖，他终于卖出了这件衣服。

他紧紧地攥着 2 美元，一路奔回了家。以后，每天他都热衷于从垃圾堆里淘出旧衣服，打理好后，去闹市里卖。

如此过了十多天，父亲突然又递给他一件旧衣服："你想想，这件衣服怎样才能卖到 20 美元？"怎么可能？这么一件旧衣服怎么能卖到 20 美元，他顶多只值 2 美元。

"你为什么不试一试呢？"父亲启发他，"好好想想，总会有办法的。"

终于，他想到了一个好办法。他请自己学画画的表哥在衣服上画了一只可爱的唐老鸭与一只顽皮的米老鼠。他选择在一个贵族子弟学校的门口叫卖。不一会儿，一个开车接少爷放学的管家为他的小少爷买下了这件衣服。那个十来岁的孩子十分喜爱衣服上的图案，一高兴，又给了他 5 美元的小费。25 美元，这无疑是一笔巨款！相当于他父亲一个月的工资。

回到家后，父亲又递给他一件旧衣服："你能把他卖到 200 美元吗？"父亲目光深邃，像一口老弗幽幽地闪着光。

这一回，他没有犹疑，他沉静地接过了衣服，开始了思索。

两个月后，机会终于来了。当红电影《霹雳娇娃》的女主演拉佛西来到了纽约宣传。记者招待会结束后，他猛地推开身边的保安，扑到了拉佛西身边，举着旧衣服请她签个名。拉佛西先是一愣，但是马上就笑了。我想，没有人会拒绝一个纯真的孩子。

拉佛西流畅地签完名。他笑了，黝黑的面庞，洁白的牙齿："拉佛西女士，我能把这件衣服卖掉吗？""当然，这是你的衣服，怎么处理完全是你的自由！"

他"哈"的一声欢呼起来："拉佛西小姐亲笔签名的运动衫，售价200美元！"经过现场竞价，一名石油商人出1200美元的高价收购了这件运动衫。

回到家里，他和父亲，还有一大家人陷入了狂欢。父亲感动得泪水横流，不断地亲吻着他的额头："我原本打算，你要是卖不掉，我就找人买下这件衣服。没想到你真的做到了！你真棒！我的孩子，你真的很棒……"

一轮明月升上夜空，透过窗户柔柔地洒了一地。这个晚上，父亲与他抵足而眠。

父亲问："孩子，从卖这3件衣服中，你明白什么了吗？"

"我明白了，您是在启发我，"他感动地说，"只要开动脑筋，办法总是会有的。"

父亲点了点头，又摇了摇头："你说得不错，但这不是我的初衷。"

"我只是想告诉你，一个只值一美元的旧衣服。都有办法高贵起来，何况我们这些活生生的人呢？我们有什么理由对生活丧失信心呢？我们只不过黑一点儿、穷一点儿，可这又有什么关系？"

就在这一刹那间，他的心中，有一轮灿烂的太阳升了起来，照亮了他的全身和眼前的世界。"连一件旧衣服都有办法高贵，我还有什么理由妄自菲薄呢！"

从此，他开始努力地学习，严格地锻炼，时刻对未来充满着希望！

20年后,他的名字传遍了世界的每一个角落。他的名字叫——迈克尔·乔丹!

许多人喜欢在还没有做一件事之前就先给自己打了回票,"做不到"、"不可能"、"没办法"……如果爱迪生觉得"不可能",怎么可能成为发明大王?如果莱特兄弟觉得"不可能",怎么发明了飞机?如果杨致远觉得"不可能",怎么创立了雅虎?……

完成不可能的超越,才是最华彩的生命乐章。男人如此,女人亦如此;富人如此,穷人更是如此。一个成功者的一生,必定是与风险和艰难拼搏的一生。许多事情看似不可能,其实只是功夫未到。

要想成功,你必须有勇气去做你想做的事,在你的生活里把"不可能"这三个字排除掉,你要相信自己一定也能登上成功之巅。

只要你不认输,就有机会!

有了自信,才会成功

我们知道,狼之所以能成为大草原上称雄一方的"霸主",很大程度上得益于它们铮铮的傲骨和内心深处那种绝对的自信,这种特性是整个狼族的共性。而涉及一匹具体的狼,它们都会觉得自己是独一无二的,别人做不成的事,自己一定行。尽管这种自信并不能让所有的狼都能心想事成,但它给狼带来的积极影响是不言而喻的。

自信虽然不是万能的，但如果没有自信，那所谓的成功就是空中楼阁。

每个人要想取得事业的成功、生活的幸福，都必须有积极的自我意识，要敢于时刻对自己说："我行！我坚信自己！我是世界上独一无二的人！"否则，就会被自己打败，而且一败涂地。

有个女孩，清华大学建筑学院毕业后，顺利拿到美国哈佛大学研究生院的录取通知书。可是，没想到一切都准备好了，却在美国大使馆签证时连续两次被拒，女孩很伤心，躲在宿舍里哭。

一个要好的同学劝她，为什么不找个咨询公司帮忙，挺灵的。听说有个师姐，四年前被拒签过三次，四年后再去签，还没有过，后来找了一家咨询公司，在那里泡了半个月，很顺利就通过了。

女孩动心了，找到一家叫"信心"的咨询公司。公司只有三个人，老板加两个助手。老板把女孩拿来的签证材料看了一遍说，你的材料没问题。又让女孩详细介绍了两次被拒绝的经过。女孩细声细语地讲着，眼睛低垂，头也低着，不敢与老板对视，老板听着听着，打断女孩："不要说了，你的毛病就在这。"

原来，女孩性格内向，不善与生人交往，一说话就脸红，还老爱低眼垂眉的，给人一种没有自信的感觉。老板很有经验地对女孩说："你在我们公司主要就训练三项内容——抬起头来，眼睛平视，大声说话。"于是，接下来的两个星期里，那两个助手什么也不干，就想方设法让女孩养成抬起头来与人平视的习惯，并训练她大声说话。

第三次签证，半是习惯，半是刻意，女孩始终高昂着头，眼睛直盯着那个签证官，侃侃而谈，应对如流，从容不迫。那个签证官狐疑地看着前两次的拒签记录,嘴里嘟嘟囔囔地说,"不自信,吞吞吐吐,不敢抬头",好像完全不是说的这个女孩儿,最后,他微微一笑:"你很优秀,看不出有拒绝你的理由,美国欢迎你。"整个过程只有5分钟。

一些成功学研究大师分析许多人失败的原因,不是因为天时不利,也不是因为能力不济,而是自我心虚,自己成为自己成功的最大障碍。有的人总觉得自己这也不是,那也不行,对自己的身材、容貌不能自我接受,时常在别人面前感到紧张、尴尬,一味地顺从他人,事情不成功就觉得自己笨,自我责备,自我嫌弃。有的人缺乏自信心,怀疑自己的能力;有的人缺乏安全感,疑心太重,对他人的各种行动充满戒备;有的人缺乏胜任感,工作中缺乏担当责任的气魄,甘心当配角;也有的人反其道而行之,为掩饰自己的缺点或短处,夸张地表现自己的长处或优点……事实上,所有这些真正的敌人是他们自己。

及时给自己打气

在南美洲的一片广阔的大草原上,很多人曾梦想能够驯服草原野狼。大家都知道,牧羊犬是牧民的好帮手,它可以帮忙管理羊群,驱赶野兽。狼和狗在很多方面都很相近,但狗的嗅觉、视觉、听觉等都不如狼发达,狗的奔跑速度也没有狼快,因此牧民们渴望能够驯服野狼,以帮助自己管理羊群。但所有牧民的努力都没有成功,有的牧民还因为饲养狼而受伤甚至丢掉生命。

当地一个老牧民就有过这样惨痛的经历。在他 11 岁的时候，父亲在一次打猎时找到了一个狼窝，得到了 3 只还没有睁开眼睛的小狼。当时，他高兴极了。饲养一只小狼一直都是他的梦想。等小狼长到两个月的时候，父亲给它们加上了锁链，以前可以自由活动的小狼失去了自由。每天傍晚，父亲都会牵着它们到离家不远的地方散步。突然有一天，直到晚上 8 点多，父亲还是没有回来，他和母亲都很焦急。于是，请邻居和他们一起出去寻找，后来终于发现受伤的父亲。父亲的右腿上都是鲜血，正在朝家的方向艰难地爬行，3 只小狼咬伤了父亲之后逃回了荒野。父亲幸亏被及时送到医院，才保住了性命，但父亲的右腿却不能再走路了，拐杖陪他度过了一生。在那之后，这个老牧民就不再对驯养野狼抱有任何幻想。他说："狼，的确是不能被驯服的动物。"

虽然付出了血的教训，但人们终于明白了狼是一种什么样的动物，它们跟狗最大的区别就是，桀骜不驯，不受任何拘束和牵绊。这就是狼的铮铮傲骨。

要做强者，首先就要像狼一样有一颗永不屈服的心。

上帝赋予了一个人可以征服世界的躯体，同时也赋予了他足够驾驭身体的内心与思想。因此，任何的成功道路上的限制，都只是因为你的内心在作祟。

一个人可以非常清贫、困顿、低微，但不可以没有活下去的希望。我们无法改变过去，只能改变未来。只要梦想存在，你就有可能改善自己的处境。只要你心中有光，任何外来的不利因素都扑不灭你对人生的追求和对未来的向往，梦想是信念的基点，是力量的源泉，是开启人生之路的探照灯，是打开成功之门的金钥匙！能毁灭自己梦想的，只有你自己！所以，你要及时给自己充气！

当他还是个少年时，他有些自卑，他长得又瘦又小，其貌不扬，而且他的家庭让很多同学看不起，他父亲是卖水果的，母亲是学校边上的"餐车娘"。而他的同学，那些孩子大部分都是富家子弟，他是一个例外，他的父亲没有受过教育，深知没有知识的痛苦，于是狠下心花了大部分积蓄将他送入这个贵族学校。

从第一天踏入这个学校开始，他就受到了歧视，他穿的衣服是最不好的，别的孩子全穿名牌，一个书包，一只铅笔盒甚至都要几百块，有人笑话他的破书包，他曾经哭过，可他没告诉父母，因为怕父母伤心难过，因为这个书包还是妈妈狠下心给他买的。

对他最好的就是李老师了，李老师总是鼓励他，总是笑眯眯地看着他，李老师长得又端庄又漂亮，好多孩子都喜欢她。

那一年圣诞节，除了他，所有孩子都给老师买了平安果，都是在那个最大的超市买的。但他买不起，一个平安果便宜的要十块，贵的要几十块，他没有钱，他也不想和父母要钱，于是他煮了家里的一个鸡蛋送给了李老师。

当他把这个鸡蛋拿出来时，所有人都笑了，他心里五味杂陈，他更怕老师也会笑话他。

但想不到李老师非但没有笑话他，而且当着全班同学的面说："同学们，这是我收到的最好的礼物，这说明这个同学很有创意，其实不必给老师买什么平安果，有这份心意老师就很感动了。"

接下来，李老师还给他们讲了一个故事：

从前，一个小女孩，她的家很穷，她是个穷孩子，有一天，母亲带着她去给校长送礼，为的是让孩子转到这个中心小学来，母亲把家里的唯一的一只老母鸡送给了校长，但当她们说明来意时，那校长却说："谁要这东西？我们早吃腻了老母鸡。"

那句话深深刺伤了小女孩和她的母亲。她们没有去中心小学，小女孩还在她们村子里上学，但她明白了自己应该发奋努力，年年考第一，最后，她以全乡第一的成绩考上了县重点中学，后来，她又考上北京师范大学，现在在一所高级中学里教书。

孩子们听完都很感动，李老师说："那个女孩子就是我。"

他听完，眼里已经有了眼泪，他总以为自己是穷人家的孩子，谁都会歧视，根本没有尊严可言，但老师言传身教给了他极大的鼓励。从这以后他认定：每个人都是有尊严的，无论贫穷还是富有。所以，他发奋努力，而如今，他已经在国内一所知名学府任教。

信念就是这样的一支火把，它能最大限度地点燃一个人的潜能，指引他飞向梦想的天空。

只要你是脚踏实地的人，只要你紧紧握住梦想，坚信自己的道路，就不用怕别人的冷嘲热讽，因为他们无法偷走你的梦想。而所有偷梦者泼向你的冷水，正足以灌溉你梦想的种子，使之茁壮成长为大树。你应感谢他们给你的冷水，真心地感恩，待你梦想成真之后，你将与他们分享。

心爱的东西不见了，可以再找回来；钱没有了，可以再赚回来；唯独自己对自己的希望若是被偷走了，就难以再寻觅回来。除非你愿意，否则没有人可以偷走你的梦想。

在这个世俗而又讲求物质的社会中，人们总是认为想象与成功之间的距离遥不可及。事实上并不是如此，成功与失败的分水岭其实就是能否把自己的想象坚持到底。

别给你的心灵任何负面的暗示。在通向成功的道路上，我们不可避免地会遇到很多障碍。由于自身条件的限制，有些障碍我们可能一时无法跨越。但这并不表明它是永远不可逾越的，随着自身能力的提高以及外部环境的变化，当初做不到的事情今天却可能很轻易地做到。所以，别放弃努力，即使失败多次也要告诉自己："我能行！"

活着就应有一点精神

狗跟狼是近亲，但经过千百年的驯化，如今的狗要依附于人类而生活。之所以会有这么大的差别，原因就在于，狗身上缺乏狼的那种傲气，那种精神气质——永不服输，不依不靠，不食嗟来之食。

一个人无论身处什么样的境地，面对什么样的困境，总该像狼一样，有一点傲气，要相信自己，永远不能丢弃那一点"活着的精神"。低三下四，即便讨得一点儿，也会受人轻慢。午餐幸运地吃到一点儿"嗟来之食"，晚餐再去乞求，可能就要吃"闭门羹"了。人们敬重的，永远是那些自强不息，知道别人的脸色和自己的血色，知道别人的语调和自己格调的人。

即使艰难，也得有些骨气，否则，这一次被人抬起，下一次瘫倒之后，就可能连同情的目光也得不到。今天的呻吟哀号，得到别人的抚慰，明天再呻吟哀号，就可能让人鄙夷和厌烦了。能够感动人的，永远是那些能够全力抵抗挫折，一次次倒下又一次次奋力站起来的人。

唉声叹气不是解决问题的办法，祥林嫂式的可怜相，有时唤起的恰是一种冷漠："自己糟蹋自己，别人怎么抬举你？"

她出生在北京一户普通人家，初中毕业以后，曾在北京椿树医院做过一段时间护士。随后，一场大病几乎令她丧失了活下去的勇气。然而，大病初愈的她却突然感悟到：绝不能继续在这个毫无生气甚至无法解决温饱的地方浪费青春。于是，通过自学考试，她取得了英语专科文凭，并通过外企服务公司顺利进入"IBM"，从事办公勤务工作。

其实，这份工作说好听一些叫"办公勤务"，说得直白一些，就是"打杂的"。这是一个处在最底层的卑微角色，端茶倒水、打扫卫生等一切杂物，都是她的工作。一次，她推着满满一车办公用品回到公司，在楼下却被保安以检查外企工作证为由，拦在了门外，像她这种身份的员工，根本就没有证件可言，于是二人就这样在楼下僵持着，面对大楼进出行人异样的眼光，她恨不得找个地缝钻进去。

然而，即使环境如此艰难，她依然坚持着，她暗暗发誓："终有一天我要出人头地，绝不会再让人拦在任何门外！"

自此，她每天利用大量时间为自己充电。一年以后，她争取到了公司内部培训的机会，由"办公勤务"转为销售代表。不断的努力，令她的业绩不断飙升，她从销售员一路攀升，先后成为IBM华南分公司总经理、IBM中国销售渠道总经理、微软大中华区总经理，成了中国职业经理人中的一面旗帜。

她创下了国内职业经理人的几个第一：第一个成为跨国信息产业公司中国区总经理的内地人；第一个也是唯一一个坐上如此高位上的女性；第一个也是唯一一个只有初中文凭和成人高考英语大专文凭的跨国公司中国区总经理。在中国经理人中，她被尊为"打工皇后"。没错，她就是吴士宏。

人是有尊严的，放弃了这一点，生命的质量和价值就会大打折扣。保持一种狼道精神是维护尊严的重要途径。

即使很累，也要把自己的耐力发挥到极限，咬住牙、沉住气，才能走过一段艰辛的路。坚持，最能使生命美丽，最能使人感动。为了轻闲而宁愿忍受屈辱的人，绝不会拥有真正属于自己的清闲。

人有精神，别人就不会以蔑视的目光注视你，就不会以一种飘忽的眼神对待你。即使你穿着一般，即使你干着很粗重的体力活，即使你气喘吁吁汗流浃背，也会赢得别人的尊重。

小人物也需要一种浩然之气："人必自侮，然后人侮之；家必自毁，然后人毁之"。自己放弃了自己，自己对自己失望了，任何外来的关心，任何外来的照顾，都只是别人的一种心态，一种姿势，对于改善自己的生活，改变自己的形象都无济于事。

别人可以给你一点钱，可以给你几句安慰的话，但没法给你一种力量，没法给你一种精神。缺乏自信，脊梁骨软弱的人，谁也没法让他抬起头。终归一句话，命运终归还得靠自己去改变。

努力奋斗在"今天"

在狼的意识里，明天和昨天的概念是非常淡薄的，在它们眼中，只有今天，只有现在，只要有猎物的存在，它们就不会放过一分一秒的捕获，这就是狼的生存和奋斗哲学。

在世界历史中，再没有其他的日子比"今天"更伟大。"今天"是各时代文化的总和。"今天"是一个宝库，在这宝库中，蕴藏着过去各时代的精华。各个发明家、发现家、思想家，都曾将他们努力的成果奉献给"今日"。

今日的文明，已把人类从过去的不安与束缚的环境中解放出来；今日的物理、化学、电器、光学等科学的发明与应用，已把人类从过去简陋的物质环境中挽救出来。今日一个平常人可以享受的安乐，简直可以超过一世纪以前的帝王。

一个人能够生活于"今天"之中，而又能充分去利用"今天"，他要比那些只会瞻前顾后的人成功的概率高很多，也更好地去把握机会。

时当正月，你千万不要幻想于二月中，丧失了正月中可能得到的一切。不要因为你对于下一月、下一年有所计划，有所憧憬，遂虚度、糟蹋了这一月、这一年。不要因为目光注视着天上的星光而看不见你周围的美景，踩坏你脚下的玫瑰花朵。

人们常有一种心理，想脱离他现有不快的地位与职务，在渺茫的未来中，寻得快乐与幸福。其实这是错误的见解。试问有谁可以担保，一脱离了现有的地位，就可得到幸福呢？有谁可以担保，今日不笑的人，明□定会笑呢？假使我们有创造与享乐的本能，而不去使用，怎知这种本能，不在日后失去作用？

有些人往往有"生不逢时"的感叹，以为过去的时代都是黄金时代，只有现在的时代是不好的。这真是大错特错了。凡是构成"现在"世界的，必须真正地生活于"现在"的世界中。我们必须去接触、参加现在生活的洪流，必须纵身投入现在的文化巨浪。我们不应该生活于"昨天"或"明天"的世界中，把许多精力耗费在追怀过去与幻想未来之中。

你应当下定决心，去努力改善你现在所住的茅屋，使它成为世界上快乐、甜蜜的处所。至于你幻梦中的亭台楼阁，高楼大厦，在没有实现之前，还是请你迁就些，把你的心神仍旧贯注在你现有的茅屋中。这并不是叫你不为明天打算，不对未来憧憬。这只是说，我们不应当过度地集中我们的目光于"明天"，不应当过度地沉迷于我们"将来"的梦中，反而将当前的"今天"丧失，丧失它的一切欢愉与机会。

我们应该紧紧抓住"今天"！

享誉世界的我国书画家齐白石先生，90多岁后仍然每天坚持作画，"不叫一日闲过"。有一次，齐白石过生日，由于他的宗师地位，学生、朋友非常多，许多人都来祝寿，从早到晚客人不断，先生未能作画。第二天一大早，先生就起来了，顾不上吃饭，走进画室，一张又一张地画起来，连画五张，完成了自己规定的今天的"作业"。在家人反复催促下吃过饭他又继续画起来，家人说："您已经画了五张，怎么又画上了？"

"昨天生日，客人多，没作画。今天多画几张，以补昨天的'闪过'呀。"说完又认真地画起来。齐白石老先生就是这样抓紧每一个"今天"，正因为这样，才有他充实而光辉的一生。

在一个温和的春夜郁金香开满校园的时候，威廉·艾斯乐爵士对耶鲁大学的学生发表了演讲。

他对那些耶鲁大学的学生们说，像他这样一个曾经在四所大学当过教授，写过一本很受欢迎的书的人，似乎应该有"特殊的头脑"，但其实不然。他说他的一些好朋友都知道，他的脑筋其实是"最普通不过了"，那他成功的秘诀是什么？

这完全是因为他活在所谓"一个完全独立的今天"里。

在艾斯乐爵士到耶鲁大学去演讲的几个月前，他乘着一艘很大的海轮横渡大西洋，看见船长站在舵室里，按下一个按钮发出一阵机械运转的声音，船的几个部分就立刻彼此隔绝开来——隔成几个完全防水的隔舱。

"你们每一个人，"艾斯乐爵士对那些耶鲁的学生说，"都要比那条大海轮精美得多，所要走的航程也更远得多，我要提醒各位的是，你们也要学着怎样去控制一切，而活在一个'完全独立的今天'里面，用铁门把过去隔断——隔断那些死去的昨天；按下另一个按钮，用铁门把未来也隔断——隔断那些尚未发生的明天。然后你就保险了——你有的是今天……切断过去，让已死的过去埋葬掉……明日的重担，加上昨日的重担，就会成为今日最大的障碍！要把未来像过去一样紧紧地关在门外……未来就在于今天……没有明天这个东西的，人类的救赎日就是现在，精力的浪费、精神的苦闷，都会紧随着一个为未来担忧的人……那么把船后的大隔舱都关断吧，准备养成一个好习惯，生活在'完全独立的今天'里。"

相信自己，生活在今天，从现在开始！做现在的事情。

只有现在，才有成功！

狼道密说三：

永不服输，
这是你生存的资本

狼身上那种与生俱来的狼性的血统决定了狼永不服输的强者品性。要么死去，要么出人头地，再没有其他选择。在社会竞争日益激烈的今天，要想立于不败之地，一个人也应当以这样一种精神去追求自己一生的事业，像狼一样勇于拼搏，不要丢掉自己的欲望和野心，让自己成为强者。

迎难而上才能超越平凡

狼虽然是一种凶猛的动物，但从形体上论，它只能做老虎和狮子的"小兄弟"。在体格、速度、力量及搏斗武器（爪子和牙齿）上，狼都不是老虎等猫科动物的对手，但狼从不惧怕任何强大的敌人，反而以与强大的对手搏斗为乐。

这种知难而上的精神是狼道法则中最为突出的一个亮点。

对于所有人来说，如果不想平凡，就要知难而上。难而上的"难"既包含了生活中的艰难困苦，也包含了自己心中的"难关"，只有树立远大的目标，发掘自我的潜能，那么所有的"难"就都不会成为我们成功路上的阻碍。

一位中国留学生应聘一位著名教授的助教。这是一个难得的机会，收入丰厚，又不影响学习，还能接触到最新科技资讯。但当他赶到报名处时，那里已挤满了人。

经过筛选，取得考试资格的各国学生有30多人，成功希望实在渺茫。考试前几天，几位中国留学生使尽浑身解数，打探主考官的情况。几经周折，他们终于弄清内幕——主考官曾在朝鲜战场上当过中国人的俘虏！

中国留学生这下全死心了，纷纷宣告退出："把时间花在不可能的事上，再愚蠢不过了！"

这位留学生的一个好朋友劝他："算了吧！把精力匀出来，多刷几个盘子，挣点儿学费！"但他没听，而是如期参加了考试。最后，他坐在主考官面前。

主考官考察了他许久，最后给他一个肯定的答复："OK！就是你了！"接着又微笑着说："你知道我为什么录取你吗？"

年轻留学生诚实地摇摇头。

"其实你在所有应试者中并不是最好的，但你不像你的那些同学，他们看起来很聪明，其实再愚蠢不过。你们是为我工作，只要能给我当好助手就行了，还扯几十年前的事干什么？我很欣赏你的勇气，这就是我录取你的原因！"

后来，年轻留学生听说，教授当年是做过中国军队的俘虏，但中国兵对他很好，根本没有为难他，他至今还念念不忘。

这个留学生就是后来的吴鹰——UT斯达康公司的中国区总裁，《亚洲之星》评出的最有影响力的50位亚洲人之一。

没有一个人的成功是一蹴而就的，没有谁可以一步登天。恰恰相反，所有的成功都是经历了一连串的失败之后才获得的。

只有树立远大的目标，发掘自我的潜能，那么，所有瞻前顾后的疑虑、驻足不前的懦弱和逆来顺受的消极统统都会被我们置于脑后，我们将获得无坚不摧的信心与勇气，即使做一个拥有不平凡人生经历的平凡人也是幸运的！

敢拼的人才会赢

在辽阔的非洲大草原上,当第一缕阳光出现的时候,狼和羚羊就开始了生死对抗的赛跑。狼要追上羚羊,因为有了食物才有生存的资本。羚羊一定要跑得比狼快,否则它的命运就会就此终结。

"弱肉强食"是自然界的铁律,狼的竞争意识尤其强烈。狼不但要面对与不同动物种类之间的竞争,而且还要面对在狼群之间存在着的激烈竞争。一般在同一区域的所有狼群中,会有一个狼王,它具有统领这个区域所有狼群的权力。当需要集体围猎时,狼王就会用嚎叫召集所有的狼。狼群成员都要无条件地接受它的统一部署。当然,这个狼王的位置也是各个狼群的首领们经过竞争决定的。

狼清楚地知道,在这样的环境中,要想出人头地,除了拼搏奋斗,没有第二条路。

命运如同一颗麦粒,有三种不同的道路。一颗麦粒可能被装进袋子,堆在货架上,等着喂猪;也可能被磨成面粉,做成面包;还可能撒在土壤里,任其生根发芽,直到每颗麦粒组成金黄色的麦穗,再展示它又一次的生命辉煌。

人和麦粒唯一的不同在于:麦粒无法选择自己的去向,而人可以自由地选择!你不会让生命腐烂,也不会让它在失败、绝望的岩石下磨碎,任人摆布。

如果一个人放弃了拼搏,他永远不会成功。

拼搏是一场身与心的全面较量。当你觉察到外力不足时,而把一切都依赖于你自己内在的能力时，不要怀疑你自己的见解！信任你自己，表现你的个性。从行为学的角度来说，这就是积极的自我意识，它能使一个人的行为更加有效。

首先，自身素质是行为发生的前提条件。积极的自我意识包含着对自身素质的清醒认识，对自身素质的有意识运用能促进自我的发展，拿破仑就是清醒地认识到自己身上"最出色的军事家的素质"，从而成为一名优秀的军事家。

如果一个人缺乏自知之明，那么他的成效是低微的。试想：如果偏让数学家用严密的、无懈可击的逻辑思维来写诗，而让诗人用奔放热情的形象思维来演算，那岂不让人啼笑皆非？

其次，积极的动机对行为有推进作用。积极的自我意识还包含"我将要成为怎样的人"的最终目标，这是一种无声的力量。如海伦·凯勒所说的那样："当你感到有一种力量推动你翱翔的时候，你是不应该爬行的。"在确立目标之后，只要持之以恒地去努力，任何一行的天地里都有掌声和鲜花在等着你！

生活中总有许多人不相信自己，总把希望寄托在别人身上，以为别人总比自己强。殊不知，别人是最靠不住的，唯一靠得住的就是你自己，是你的拼搏与努力。拼搏是把握命运的第一把钥匙。懒惰、等待是命运的终点，毕竟天上不会掉下馅饼。拼搏自有冲天力，舍此便为地狱门。

当理想在你身上实现时，世人会惊叹你的成就。然而，这一切又离不开拼搏，拼搏是成功的秘诀，是拥抱好运的通途。因此，当你完成一件事时，你要再接再厉。因为超越别人并不是目的，重要的是要超越自己。

一个园艺师向一个日本企业家请教："社长先生，您的事业如日中天，而我就像一只蝗蚁，在地里爬来爬去的，一点没有出息，什么时候我才能赚大钱，能够成功呢？"

企业家对他说："这样吧，我看你很精通园艺方面的事情，我工厂旁边有2万平方米空地，我们就种树苗吧！一棵树苗多少钱？"

"50元。"

企业家又说："那么以一平方米地种两棵树苗计算，扣除道路，2万平方米地大约可以种2.5万棵，树苗成本是125万元。你算算，5年后，一棵树苗可以卖多少钱？"

"大约3000元。"

"这样，树苗成本与肥料费都由我来支付。你就负责浇水、除草和施肥工作。5年后，我们就有上千万的利润，那时我们一人一半。"企业家认真地说。

不料园艺师却拒绝说："哇！我不敢做那么大的生意，我看还是算了吧。"

一句"算了吧"，就将摆在眼前的机会轻易放弃，每个人都梦想着成功，可又总是白白放走了成功的契机。成功，显然是需要胆识的。

有人认为，成功者多是天才。其实，天才与拼搏是密不可分的，所谓天才，首先是敢于拼搏的人。我们承认人与人之间有天赋差别，但是，能够成为天才，关键在于拼搏。有几分勤学苦练，天资就能发挥几分。没有拼搏就没有成功，这就正如春天不播种，夏天就不能生长，秋天就不能收获，冬天就不能品尝。天资的充分发挥和个人的艰苦奋斗是成正比的。你要想取得成功，就要敢于拼搏。你要想与幸运握手，那就要付山艰辛的劳动。

幸运也是特别偏爱拼搏的人,它与拼搏结下了不解之缘。不可否认,有人也许凭运气能谋得一份好差事,但却不能凭运气保持它。有了良好的机遇,如果没有艰苦奋斗的精神,再好的机会迟早也会溜走。

古代波斯文学家萨迪在他的名诗《蔷薇园》中这样写道:"富人如果把金钱放在你手上,你不要对这点恩惠太看重,因为圣人曾经这样教诲:拼搏的精神远比黄金可贵。"

人生之途,短暂而又漫长,莫让年华付水流。倘若停下脚步,去哀叹人生,诅咒命运,即使将开启命运的金钥匙交给你,也难以打开好运的大门。手上紧握拼搏这把钥匙,自强不息,奋斗不止,命运女神自然会向你靠拢,你自然会享受成功的喜悦。退一万步说,即使不成功,也于心无愧,因为你没有枉费人生。

别丢掉"野心"和欲望

有一个成语叫"狼子野心",狼的野心是有目共睹的,它们纵横四海无拘无束,它们对猎物的渴望永无满足之时,只要有机会就不会放过。正因为有这样的野心,使狼在上百万年的时间里一直雄踞食物链的顶端,成了自然界的强者。

如果你现在没有成功,没有地位,没有财富,无关紧要,只要你像狼一样有野心，有把野心贯彻到底的智慧、毅力和勤奋，那么你站在金字塔的塔顶的时刻，指日可待。

巴拉昂是一位年轻的媒体大亨，推销装饰肖像画起家，在不到10年的时间里，迅速跻身于法国五十大富翁之列。临终前，他留下遗嘱，把他4.6亿法郎的股份捐献给博比尼亚医院，另有100万法郎作为奖金，奖给揭开贫穷之谜的人。

巴拉昂去世后，法国某报纸刊登了他的一份遗嘱。他说，我曾是一个穷人，去世时却是以一个富人的身份走进天堂的。在跨入天堂的门槛之前，我不想把我成为富人的秘诀带走，现在秘诀就锁在法兰西中央银行我的一个私人保险箱内，保险箱的三把钥匙在我的律师和两位代理人手中。谁若能通过回答穷人最缺少的是什么而猜中我的秘诀，他将能得到我的祝贺。当然，那时我已无法从墓穴中伸出双手为他的睿智而欢呼，但是他可以从那只保险箱里荣幸地拿走100万法郎，那就是我给予他的掌声。

遗嘱刊出之后，报社收到大量的信件，有的骂巴拉昂疯了，有的说报社为提升发行量在炒作，但是更多的人还是寄来了自己的答案。

绝大部分人认为，穷人最缺少的是金钱。穷人还能缺少什么？当然是钱了，有了钱，就不再是穷人了。还有一部分人认为，穷人最缺少的是机会。一些人之所以穷，就是因为没遇到好时机，股票疯涨前没有买进，股票疯涨后没有抛出，总之，穷人都穷在机遇上。另一部分人认为，穷人最缺少的是技能。现在能迅速致富的都是有一技之长的人。还有的人认为，穷人最缺少的是帮助和关爱。另外，还有一些其他的答案，比如：穷人最缺少的是漂亮，是皮尔·卡丹外套，是总统的职位，是沙托鲁城生产的铜夜壶等等，总之，五花八门，应有尽有。

巴拉昂逝世周年纪念日，律师和代理人按巴拉昂生前的交代在公证部门的监视下打开了那只保险箱，在48561封来信中，有一位叫蒂勒的小姑娘猜对了巴拉昂的秘诀。蒂勒和巴拉昂都认为穷人最缺少的是野心，即成为富人的野心。

在颁奖之时，报社带着所有人的好奇，问年仅9岁的蒂勒，为什么想到是野心，而不是其他的。蒂勒说："每次，我姐姐把她11岁的男朋友带回家时，总是警告我说不要有野心！不要有野心！我想也许野心可以让人得到自己想得到的东西。"

巴拉昂的谜底和蒂勒的回答见报后，引起不少的震动，这种震动甚至超出法国，波及英美。一些好莱坞的新贵和其他行业几位年轻的富翁就此话题接受电台的采访时，都毫不掩饰地承认：野心是永恒的特效药，是所有奇迹的萌发点；某些人之所以贫穷，大多是因为他们有一种无可救药的弱点，即缺乏野心。

每个人的人生都像一个金字塔，只有往上攀登，才可能享受最大的自由和空间。但是大多数人都庸庸碌碌，在老地方徘徊终其一生；一小部分人按部就班、辛辛苦苦地在从E层爬到D层C层；只有少数人，能很迅速地攀到A层，跻身成功者之列，享受无限风光在顶峰的潇洒。

强大的"野心"和强烈的欲望可以使人施展全部的力量，尽力而为即是自我超越，那比做得好还重要。当你有足够强烈的欲望去改变自己命运的时候，所有的困难、挫折、阻挠都会为你让路。欲望有多大，就能克服多大的困难，就能战胜多大的阻挠。你完全可以挖掘生命中巨大的能量，激发成功的欲望，因为欲望有时就有力量。

我们真正缺少的，是成为富人的野心！"野心"，成功的无价之宝。

我们为什么如此胆小呢？放手一搏，说不定明天就是艳阳天！只要在我们踏实勤奋的努力和智慧基础上，再稍稍多一点野心，成功就会在我们眼前……

任何事都要全力以赴

狼可以算是一个完美主义者，在捕猎的过程中，只要看准了目标，无论猎物的大小，即便只是一只小小的土拨鼠，它也会全力以赴，把事情做到最好。

"冰冻三尺，非一日之寒"，成功不是骤然降临的，而是由点点滴滴的细微的成功凝聚而成的。只有像狼一样，做好工作中的每一件小事，才会取得比别人更丰厚的工作成绩。所以，抓紧时间做好你手边的每一件事，是走向成功的必由之路。

杰克 9 岁那一年，因为家里穷，他去请求他家附近的报纸经销商史密斯先生，能不能让自己放学后兼职送报。史密斯先生告诉他如果他有自行车，就给他一条送报路线。

杰克一家住在伦敦，身兼数职的爸爸给他买了一辆二手自行车，但接着爸爸就因肺炎住进医院，没办法教他骑。

幸而史密斯先生没说要看杰克的骑车技术，而只是要看看自行车。因此，杰克把车推到那里，让他看看，就上了工。

送报叫不容易，尤其是星期天的报纸，页数多，分量重，杰克只好一步步上楼去送，如果是公寓大楼，就送到门口。碰到下雨或下雪，他拿爸爸的旧雨衣盖在报纸上面，不让报纸被淋湿。

爸爸出院回家后，白天上班，却因身体太弱，不能再兼别的差事。为了应付开支，只好卖掉了杰克的自行车。

史密斯先生后来虽然也知道了杰克并未骑车送报，对此却绝口不提。

8个月下来，杰克送报纸路线上的订户从36户增加到59户。

那一年圣诞节前的晚上，杰克去按第一个订户的门铃，屋里灯亮着，却没有人开门。

他到另一家去，也没人开门。

没多久，杰克已经敲遍了大多数订户的门，按了他们的门铃，但看样子是没有一个人在家。

杰克很着急，因为第二天就是交报费的日子了。圣诞节就在眼前，他却没想到大家都会出门买礼物。

接着，杰克走到艾尔肯家，当听到屋里有音乐和人声的时候，他心里非常高兴。杰克按了门铃，大门应声而开，艾尔肯先生几乎是把他拖进门去的。

令杰克诧异的是，他的59位订户几乎全部挤在艾尔肯先生的起居室里，房间中央有一辆崭新的自行车，深红色，有一盏电池车灯，还有车铃，把手上挂着帆布袋，里面鼓鼓地塞着五颜六色的信封。

"这是给你的，"艾尔肯太太说，"我们大家都凑了一份。"那些信封里是圣诞卡，另附那个星期应付的报费，大多数信封里还有一笔丰厚的小费。杰克愣住了，不知道该说些什么。

回到家，杰克点了点小费，超过 100 美元——这笔意外之财使他成了家里的英雄，也让他们家过了一个欢愉的圣诞假期。

杰克从此懂得，即便是最小的事情也要把它做好。而正是这种做事方法，使他由此踏上了成功之路。

在我们的印象中，擦鞋绝对是一个难登大雅之堂的职业，如果有人以此终生为业，那他一定不会有多大的出息。实际上呢？我们却想错了，一个名叫金太贤的韩国人，就是凭借擦鞋，从而成就了自己辉煌的人生。

多年前，身为化工厂工人的金太贤失业了。一个偶然的机会，他从一位英国军官那里学会了擦鞋，他很快就迷上了这个工作。只要听说哪里有好的擦鞋匠，他就千方百计地赶去请教、虚心学习。

日子一天天地过去了，金太贤的技艺越来越精。他的擦鞋方法别具一格：不用鞋刷，而用木棉布绕在右手食指和中指上代替，鞋油也自行调制。那些早已失去光泽的旧皮鞋，经他匠心独运的一番擦拭，无不焕然一新，光可签人，而且光泽持久，可保持一周以上。更绝的是，凭着高深的职业素养，与人擦肩而过时，便能知道对方穿何种鞋；从鞋的磨损部位和程度，他可以说出这人的健康和生活习惯。他的精湛技艺，打动了首尔一家名叫"东方明珠"的四星级饭店，他们将金太贤请到饭店，为饭店的顾客擦鞋。

令人惊讶的是，自从金太贤来到"东方明珠"之后，演艺界的各路明星一到首尔便非"东方明珠"不住；一向苛刻挑剔的明星们对此情有独钟的原因非常简单，就是享受一下该店擦鞋的"五星级服务"。当他们穿着焕然一新的皮鞋翩然而去时，他们的心里深深地记下了金太贤的名字。

金太贤炉火纯青的技术、一丝不苟的精神和非凡的技艺，为他赢得了众多顾客的青睐。他的老主顾不只来自首尔、釜山，甚至还有香港、新加坡等地。在他简朴的工作室内，堆满了发往各地的速寄纸箱。如今的金太贤早已成为"东方明珠"的一块金字招牌了。

金太贤的努力，为他自己创造出一份辉煌的业绩。事实上，只要我们用心去做，哪一件小事不能成就大业呢？

从以上的事例可以说明做好小事的重要性。小事不仅是成大事所必须做好的环节，而且从中也体现出一个人对工作的态度和方法。所以，做好每一件小事，是每一个渴望成功的人都要抓紧学好的必修课。

生命中的大事都是由小事堆积而成，没有小事的积累，也就成就不了大事。人们只有了解到这一点，才会开始关注那些以往认为无关紧要的小事，培养做事一丝不苟的美德，成为一个成功的人。

狼心切断自己的退路

为了最大限度地发挥自己的潜力，狼在攻击、捕猎的时候很少给自己留退路。狼知道，只有把自己逼到悬崖边、无路可退的时候，自己本身的狼性才会一览无遗。

和狼一样，在很多时候，人的一些优秀品质都是逼出来的。如果你总是给自己留足够的退路，找一些无谓的借口和理由，那你就有可能永远是个软弱的平庸者。

世界成功学鼻祖拿破仑·希尔，在他全球畅销几千万册的《思考致富》中，曾经提出了这样一个成功学理念："过桥抽板"。

他所倡导的"过桥抽板"，是告诉我们在做一件不是能够轻易实现的事情时，最好把自己的退路切断，让自己无路可退。这样才能激发所有的潜力，调动所有的激情，义无反顾，勇往直前，坚持到底。

其实，拿破仑·希尔的这一成功学理念与我们熟知的"破釜沉舟"和"背水一战"的典故有异曲同工之妙。

项羽杀了宋义自封为上将军，立刻攻向巨鹿。渡河后，项羽命令全军："皆沉船，破釜甑，烧庐舍，持三日粮，以示士卒必死，无一还心。"巨鹿一战，大破秦军，项兵威震诸侯。巨鹿之战令项羽一举成名，群雄俯首，更成就了他日后自封西楚霸王的一番事业。

"汉初三杰"中的一代名将韩信在攻打赵国的时候，以寡敌众，背水扎营，置之死地而后生，打败了兵力强大的赵军，生擒赵王。

"不留退路"，它不是"置之死地而后生"，而是一种严格的自我约束，是一种高尚境界；面对困难与挫折，积极进取是必需的路径。任何妥协退缩都是误入歧途，它将会把你引向失败的境地。给自己一片没有退路的悬崖，从某种意义上说，就是给自己一个向生命高地冲锋的机会。

心理学家威廉·詹姆斯提出了关于帮助培养新的理想习惯的建议：不给自己退路。人都有这种心理，一次不行，再次来过。这是一种错误的想法，也是一种要不得的习惯。要有破釜沉舟的决心，才能发挥自己的潜力，取得最好的效果。

有些人往往在等待中消耗了自己，把自己的才华、能力和信心都消磨掉了，最后只剩下无奈和惆怅。不留退路，也许就会有意想不到的收获。

安东尼·罗宾提出这样的忠告："把苦恼、不幸、痛苦等看成人生不可避免的一部分。当你遇到不幸时，你抬起头来，向前看。其后，你得不断地向自己重复使人愉快高兴的话：'这一切都会过去。'"

当人感到没有丝毫的退路时，他的潜能也会被激发到最大，那时他也是最不可被战胜的。我们要用成功的心态来面对自己的决定，不留退路，也许就是另一种成功。

永远都不要满足

狼为什么能在恶劣的自然环境中把自己优秀的一面发挥到极致？生计所迫是一方面，而另一方面就是因为狼的内心深处那种永不满足的进取心。

永不满足是使人事业走向成功的强有力的刺激，尤其是与特定的目标相结合的时候，这种刺激会更加强烈。

一个人如果在青年时期就轻而易举地获得成功，并从此心满意足的话，那将是获得最终成功的最大障碍。"10岁神童，15岁才子，过两年只是平平凡凡的人了。"这句俗话，就阐明了其中的深刻含义。

贫困的人往往都能够白手起家；相反，那些继承了父母丰富财产的人，却往往家道中落。如此看来，没有欲望的人，就好比没有上发条的钟表一样，要钟表走动，必须费些力气，亲自上紧发条。

有一位父亲就说了下面的话，为他的儿子上紧了发条："没有人比你更优秀。但是，倘若你不做番事业来证明，那么，你与别人也是一样的。"

不能坚持正确目标并为之奋斗的人，就犹如正在玩耍却又感到无聊的孩子一样——他们不知道自己最终要的究竟是什么，因此，他们总是噘着嘴，不满意。

假如，你在突然之间，意想不到地得到了100万美金，那你要怎么利用呢？

曾有心理学者向知识阶层提出这个问题。可是，因为被问及的人大部分都有固定的收入，以致所答大体一致：要把一部分当养老金，其余的用于旅行或玩乐。

要把这一笔部分意外的财富用来完成人生某个大目标的人，一个也没有。这恐怕就是因为持有大目标的人实在太少了。

意外得来的财富常使受益者大部分脱离了生产者的行列，变成仅仅为消费而生活的人。在新英格兰就曾流传着这样的一个故事：

在一个小镇上住着两个律师。他们彼此之间相互竞争，在法庭上竟以刻薄的言辞相互斥责，有时甚至诉诸武力。这两个其中的一个是单身汉，另一个是鳏夫，有一个男孩。

在这条街上，还住着一个富裕的老女人，她终生笃信宗教。在鳏夫律师的男孩20岁的时候，老女人死了。单身的律师在去查证遗嘱时，整条街道为之骚动。她的遗产将送给哪个教堂？这个问题引起了人们的纷纷猜测。

可是谁曾料到，这笔遗产却是留给了鳏夫律师的儿子，人们无不目瞪口呆。

从此之后，这个20岁的青年，处处受着人们毕恭毕敬的礼遇，朝夕被自作多情的女人们困扰着，他因此也成了酒店最受欢迎的人。

时光流逝。单身的律师接来外甥，并加以教育。外甥非常用功，不久就使自己在工作上成为单身律师的得力的助手，并且他们成了这个地方一流的律师。人们认为这个外甥聪明能干，凡有案件都来请他出庭。

鳏夫律师随着年迈，逐渐衰老而不能工作了，可他的儿子却根本不愿工作。终日东游西荡，不务正业。他染上了富家子弟所有的恶习，一点也没有储蓄的概念。

将两者的情形比较一下，何者该事业兴盛，何者该没落。就不言而喻了。单身的律师得到能干外甥的帮助，自然属于前者；鳏夫律师却为无能的儿子而感到耻辱。

当单身律师去世时，这座城市再度陷入兴奋的旋涡之中。黄色的文件与备忘录一起被人们发现。这文件正是那个老女人原来的遗书。先前单身律师所签订的那份遗书，竟是他模仿老女人签名的伪造文件。备忘录有如下的文字：

"为打倒敌对的同行，故意做了这件事情。我要使他的儿子成为无用的软骨头。我问心无愧，为达此目的，我将……"

谜底至此揭开了这个事件的真相。

的确，现实中有许多光耀显赫的富翁们虽然掌握着巨额钱财，但终因不能有效地管理和使用这些钱财，所以未能长远地持续其繁荣。这也正应了中国古代的那句名言："富不过三代。"

美国有一位叫贝特罗的年轻人，他的父亲，在墨西哥持有金银小矿山。贝特罗起先很勤勉地工作，使矿山的生产十分景气。然而当钱财滚滚而来时，他竟异想天开，建筑了堂皇的宫殿购进了巴黎的家具。当时，在那个村里没有一家有浴室，而他倒有一打以上。此外，还有 15 架大钢琴配置在各处大厅里。

贝特罗沉溺于如此漫无止境的豪华生活里，再也不闻不问生产的情况，任其矿山废弃。后来，他身边留下的除了那座宫殿，别无他物。最终，他就在那宫殿里的两间尘埃弥漫的屋子里，了结余生。

想想职业拳击家吧！他们不少人都赚过几十万美金的报酬，为了比赛，都受过长期的严酷训练。他们的目标就是要在比赛中获胜，而大多数人的目标也仅仅如此。所以许多的人发财之后，就过上了糜烂的生活，而最终于贫困之中。这是一种典型的暴发户的心理。暴发户的这种末路，大多缘于一生中没有远大的目标。

不论是什么职业，往往有些人在达到了某种程度的经济独立后，便不再做更进一步的努力了。他们在赚取了需要的钱财后，就好像变成了另外的一个人，安于现状，无所作为。

据心理学家说：好运气时常是不幸的前奏。

受到良机青睐的人，往往沉溺其中，而抛弃了努力。眼光只注视脚尖的人，稍有富余，就自我满足，不思进取。他们变得怠惰、游荡，消费多于生产。他们手里有些金钱，就以为有资格享受。倘若突然再遇拮据，他们才会发觉，自己是那么软弱无能，连先前做过的事都做不出来了。他们的眼光太短浅。他们仅能看见眼前的事情而已。

朋友们！放眼远眺吧！不要以现状为满足，同时也不要因现状而失望。这时，幸福与快乐才属于你。既不满足现状又能为远大目标而奋斗的人，才是最幸福的。

狼道密说四：

兵不厌诈，
困难面前灵活应对

由于长期与恶劣的自然环境进行着残酷和不间断的生存战争，使狼的头脑异常的灵活。在持续了几万年的持久战中，狼用智慧和谋略确立了自己强者的地位。狼道法则认为：所谓兵不厌诈，面临困难、险阻时，不妨多动脑筋、灵活应对，要知道胜利从来都是属于智者的。

成功的关键不只在于想法，更在于方法

对于狼来说，要想用最小的代价换取最多的猎物，最重要的一点就是，选择合适的捕猎对象。面对一大群羊的时候，狼能一眼看出哪些是最容易得手的目标。这种选择的眼光可以大大提高狼的捕食成功率。

做对事情比把事情做对更重要。行走在人生的道路上，出现问题是在所难免的。解决问题的关键首先就是要做对的事，否则就可能会事倍功半，甚至根本就是在无效劳动。

有这样一则故事：有一天，动物园管理员发现袋鼠从笼子里跑出来了，于是开会讨论，一致认为是笼子的高度过低。所以他决定将笼子的高度由原来的十米加高到二十米。结果第二天他发现袋鼠还是跑到外面来，所以他又决定再将高度加高到三十米。没想到隔天居然又看到袋鼠全跑到了外面，于是管理员大为紧张，决定一不做二不休，将笼子的高度加高到五十米。

一天长颈鹿和几只袋鼠们在闲聊，"你们看，这个人会不会再继续加高你们的笼子？"长颈鹿问。

"很难说。"袋鼠说，"如果他再继续忘记关门的话！"

显然，动物管理员开了一个错误的会，做出了一个错误的判断，拿

错了"钥匙",也就当然不可能真正解决问题。

一群伐木工人走进一片丛林,开始清除矮灌木。当他们费尽千辛万苦,好不容易清除完这一片灌木林,直起腰来,准备享受一下完成一项艰苦工作后的乐趣时,却猛然发现,不是这块丛林,旁边还有一片丛林,那才是需要他们去清除的!

工人们也许只需要在伐木之前简单地判断一下,确定自己砍伐的丛林就是需要清除的,就不会费尽千辛万苦,却做了错误之事。

汽车因为爆胎而抛锚,而你却去检查引擎。那显然就是南辕北辙的现代版。

一个山头的狮王接到熊猫的报告。报告说狼非常凶残,经常欺负弱小动物。弱小动物已被它吃掉了不少,有的连骨头都没有留下。

狮王听后大怒,立即签发了一个文件,严厉指出:狼如果不痛下决心改正错误,一定严惩不贷。

不久,狮王又接到羊的告状信,信中说,狐狸时常玩弄狡猾的伎俩,以各种名目敲诈羊们,一会儿要收青苗种养费,一会儿要收泉水保护费,一会儿要收空气清洁费,一会儿要收山地使用费……再这样下去,羊们就生活不下去了。

狮王暴跳如雷,愤怒无比:"再发个文件,严肃处理!一定要严肃处理!"

狮王的文件发了一个又一个,但狼依旧欺凌弱小动物,狐狸依旧勒索钱财。

狮王非常苦恼地向猩猩博士请教:"我的态度够坚决的了,为什么这些家伙竟这么大胆呢?"

猩猩博士反问道:"这个问题还需要我来回答吗?"

狮王虽然颁布正确的法律,但是却没有付诸实践。成功的关键不只在于想法,更在于方法。无论是工作还是生活,都是如此,做对的事比把事情做对更有效。

当一个人觉得自己的工作没有意义、不值得去做,往往会保持冷嘲热讽、敷衍了事的态度。这不仅使得成功的概率很小,而且就算成功,他也不会觉得有多大的成就感。对此,"不值得定律"做出了最直观的表述:不值得做的事情,就不值得做好。

因此,对一个人来说,都应该为最喜欢的事业奋斗。"选择你所爱的,爱你所选择的",才可能激发我们的意志,使自己心安理得。

一般来说,人们更倾向于喜欢自己有独特天赋的事业,做自己有天赋的事情会让你获得十足的成就感。

卡斯帕罗夫15岁获得国际象棋的世界冠军,光用刻苦和方法正确很难解释这一点。大多数人在某些特定的方面都有着特殊的天赋和良好的素质,即使是看起来很笨的人,在某些特定的方面也可能有杰出的才能。

凡·高各方面都很平庸,但在绘画方面是个天才;爱因斯坦当不了一个好学生,却可以提出相对论;柯南道尔作为医生并不出名,写小说却名扬天下……

每个人都有自己的特长和天赋,从事与自己特长相关的工作,就能很轻易地取得成功。否则,多少会埋没自己。当发觉工作不适合自己时,不如改行做适合自己的工作。

埃斯梅夫是一个科普作家,同时也是一个自然科学家。一天上午,他在电脑前打字的时候，突然意识到："我不能成为一个第一流的科学家，却能够成为一个第一流的科普作家。"于是，他几乎把全部的精力放在科普创作上，终于成了当代世界最著名的科普作家。

伦琴原来学的是工程科学，在老师孔特的影响下，他做了一些有趣的物理实验。这些试验使他逐渐体会到，物理才是最适合自己的事业，后来他果然成了一名卓有成就的物理学家。

因此要想成功，就必须使工作具有重要的意义，而这必须像狼一样，找准自己的目标，去做对的事情。

虚张声势，出奇制胜

虚张声势常常是着眼于人们在观察处理世事中，由于对某些事情的习见不疑而自觉或不自觉地产生了疏漏和松懈，故而能够借此示假隐真，掩盖自己的某种行动。在战争中，这是一招非常有效的疑兵之计，用这种计策来伪装，经常能把握时机、出奇制胜。在为人处世的过程中，在某些特殊情况下，也需要你虚张声势一下，利用别人对自己暂不知底细，有时会收到非常奇特的效果。

"张飞穿针，大眼瞪小眼。"这句话就是形容张飞是有勇无谋的一介武夫。然而，粗心的张飞也有细心的时候，长坂坡上智退曹军上百万军马的故事就被载入史册。

三国时期，曹操领兵分八路进攻樊城，刘备弃城出走，曹操率大军紧追其后。

在千军万马中，赵子龙单骑救出幼主阿斗，直穿曹兵重围，砍倒曹军大旗两面，前后枪刺剑砍，杀死曹营名将五十余名，离开大陈，往长坂桥而走。忽听后面又喊声大起，原来是曹将文聘引军赶来。赵云来到桥边，已是人困马乏。始见张飞挺矛立于桥上，赵云大呼："翼德快快救我！"

张飞高呼："子龙快走，追兵由我对付。"

原来，张飞为接应赵云，带领二十余骑，来到长坂桥。张飞见曹军成千上万的兵马杀将过来，他心生一计，命所有士兵到桥东的树林内砍下树枝，拴在马尾巴上，然后策马在树林内往来驰骋，扬起尘土，使人以为有重兵埋伏。而此时张飞则亲自横矛立马于桥上，向西而望。

曹将文聘带领大军追赶着赵云到长坂桥，只见张飞倒竖虎须，圆睁环眼，手持蛇矛，立马桥上。又见桥东树林之后，尘土大起，疑有伏兵，便勒住马，不敢近前。不一会儿，曹仁、李典、张辽、许褚等人都来到长坂桥，只见张飞怒目横矛，立马于桥上，都恐怕是诸葛亮用计，谁也不敢向前。只好扎住阵脚，一字摆在桥面，派人向后军飞报曹操。

曹操得到报告，赶紧催马由后军来到桥头。张飞站于桥上，隐隐约约见后军有青罗伞盖、仪仗旌旗来到，料到是曹操起了疑心，亲自来阵前查看。

张飞等得心急，大声喝道："我乃燕人张翼德，谁敢来与我决一死战！"声音犹如巨雷一般，吓得曹兵不敢妄动。

曹操赶紧命左右撤去伞盖，环视左右将领，说道："我以前曾听关云长说过，张飞能于百万军中，取上将头颅如在囊中取物那么容易。今天遇见，大家千万不可轻敌。"曹操话音刚落，张飞又圆睁双目大声喊起来："燕人张翼德在此，谁敢来决一死战！"

曹操见张飞如此气概，自己已是心虚，就准备退军。

张飞看到曹操后军阵脚移动，又在桥上大声猛喝道："战又不战，退又不退，却是何故？"喊声未绝，曹操身边一员大将夏侯杰惊得肝胆碎裂，从马上栽到地下身亡。曹操赶紧调转马头，回身便跑。于是，曹军众将一起往西奔逃而去。一时弃枪落盔者不计其数，人如潮涌，马似山崩，自相践踏。

张飞见曹军一拥而退，不敢追赶，急忙唤回二十余骑士兵，解去马尾树枝，拆断长坂桥，回营交令去了。

张飞这员猛将，临危不惧，巧妙地运用虚张声势的招法，击退了曹兵，取得了胜利。

以对方的疑惑来虚张自己的声势，用心理战术打击对方，虽冒了点儿险，但确实效果非凡。

虚张声势，关键在于虚而显实，弱而示强，让对方不知自己的虚实，不敢贸然行动。《百战奇法·弱战》云："凡战，若敌众我寡，敌强我弱，须多设旌旗，倍增火灶，示强于敌，使彼莫能测我众寡、强弱之势，则敌必不轻与我战，我可速去，则全军远害。"

虚张声势在经济生活中的运用，还可以收到另外一种效果。美国航空公司要在纽约建立一座大型的航空站，要求爱迪生电力公司按照优惠价提供电源。电力公司觉得自己占了主动，因此在谈判中故作姿态，不予合作，还要抬高价钱，航空公司心生一计，主动中止了谈判。然后故意向外界吹风，扬言航空公司自己建设电厂比依靠电力公司供电更合算。电力公司得到这一假消息后，信以为真，担心会失去一次赚大钱的机会，于是，改变态度，还是以优惠价格与航空公司达成了供电协议。

虚张声势在人们情况紧急的时候，还是可以一用的。总之，这里不是让你去弄虚作假，欺诈别人，而是领会其精神，在你求人办事的过程中，学会灵活地掌握好情况发展的尺度，进而采取相应的方法，达到成功的最终目的。

障碍面前懂得绕道而行

狼在捕猎的时候，并不是每次都采取直接进攻的方式，特别是一些个头比较大的猎物，狼在捕捉之前会想放纵它们，待它们放松警惕，甚至有些自鸣得意而目中无人的时候，再看准时机，迅速出击。这就是狼常用的"曲线制胜"策略。

平面上两点之间直线最短，但在现实生活中，更多时候是两点之间曲线最短。譬如，打击目标的炮弹都是走曲线才可以命中目标，直线性思维在很多地方要碰壁，我们在人生规划中，要想取得大成就，就要学着朝目标"曲线迈进"。说话、做事直来直去就容易失败。

曲线并不等于弯路，因为通往成功之道往往不是直的，懂得绕行和等待是一门艺术。

西方人讲条条大路通罗马，中国人讲愚公移山。你来判断一下，哪个聪明哪个愚呢？西方提倡的是一种变通，最终达到殊途同归；中国提倡的是一种苦干、硬干，更多的是一种精神上的不屈。可是，你来判断一下，在有限的生命中，哪种做法能让我们得到更多的利益？当然是前者。追求光明、百折不挠的精神固然是可敬可佩的，所以，为了达到目标绕道而行才是真正的大智慧！

下面这个故事听起来像一部传奇：一个穷孩子，7岁时就立志要找到一座城市；39年后，他着手工作，努力寻找，最后不仅找到了那座城市，还找到了一笔巨额财富。

故事始于一个美妙的圣诞节，父母送给小孩一本《世界史图解》，里面有一幅希腊古城特洛伊的画。小孩子着迷了："特洛伊是这样的吗？""嗯。""它消失了，谁也不知道它在哪里？""是的。""等我长大后，我会找到特洛伊，找到财宝……"

从那以后他就一直怀揣着这个梦想，12岁时，他自己挣钱谋生，先后做过学徒、售货员、见习水手、银行信差……长大后，他在俄罗斯经营石油期间，一刻也未曾忘记过自己的理想。他利用业余时间自修了古希腊语，又参与各国间的商务活动，学会多门外语——这些都为日后的行动打下了基础。他的爱情也与梦想紧密相连：他娶了个热爱学习、能够帮他了解古希腊的希腊姑娘。

他在经营中积攒了一大笔钱。他没有尽情地享受，他却放弃了自己的事业，雇了许多工人跑到希腊搞考古挖掘去了。过了几年，他就发掘出9座城市，其中还包括两座爱琴海古城：迈锡尼和梯林斯。从这以后他不仅发了大财，也成为发现爱琴海文明的第一人，从此世界考古的史册上载入了一个响当当的名字——亨利·谢里曼。

这时，人们才明白了他的前半生为什么要做那么多"不相干"的事。

"不相干"的事其实并不是不相干，而恰恰是围绕目标所做的周全准备：积累资金、掌握知识，然后一举成功。

高尔夫球要打出弧线才能落入洞里。当你准备做长远的人生规划时，要做的第一件事就是给自己画出弧线，并告诫自己不要急躁要有耐心。要知道，人生旅途中是没有那么多捷径的。人生就像是在爬山，我们沿着曲折的山路，拐许多弯，兜许多圈，有时觉得好似都背离了目标——那座最高的山峰。其实，你是离目标越来越近了。懂得兜圈子、绕道而行的你，往往是第一个登上山峰的人；那些不懂而硬爬的人，往往会反复掉落，摔得头破血流。

让自己成为一个有策略、有智慧、有耐心的人生智者就请你摆脱直来直去、硬干强干的"愚"字。

英国军事家利德尔·哈特在《间接路线战略》一书中写道："从战略上说，最漫长的迂回道路，常常又是达到目的的最短途径。"

如果你正在赶路，前面有一堵厚厚的钢板堵住了你的去路，而你需要走到墙的另一边去，该怎么办？

用炮轰个洞？

用头撞个洞？

把墙推倒？

用氧乙炔将墙切割掉？

这些方法都不可取：用炮轰，你没有大炮。用头撞，非得撞得头破血流！把墙推倒，你可不是超人！把墙切割开，又要工具又要化学药品，成本人高。但转念思考一下，问题就简单多了：面对铜墙铁壁——绕道而行。

两只蚂蚁想翻越一段墙，到墙那边寻找食物。一只蚂蚁来到墙角，毫不犹豫地往上爬。可每当它爬到大半，就会由于劳累而跌下来。可是它并不气馁，一次次跌下来，一次次调整自己，然后重新往上爬。

另一只蚂蚁观察了一下，决定采取另一种办法：它绕过墙来到食物面前享受起来。

第一只蚂蚁此时还在不停地跌落下去接着再重新爬。

我们很多人就像那可笑的第一只蚂蚁，精神固然可嘉，但费尽了力气最后还什么也没有得到，还会满腹怨气，在这个世界上有才华又努力的人不少，可真正成功的人不多，道理很简单：在障碍面前，不知道绕道而行，于是屡屡受挫，最终成为失败者。

如果你拥有足够的勇气和信心，而且又懂得兜圈子、绕道而行，那么，在经过一段艰辛的追求之旅后，你必定能追求到你所要追求的东西。

人生就像爬山，目标是那最高的顶峰。懂得迂回向上的人会最先爬到山顶，硬爬的人只会四处碰壁，最终导致头破血流。

利用对方的弱点做文章

在食物缺少的季节，狼经常会冒险捕食一些大型动物。大型动物比如马、牛等的攻击性是非常强的，尤其是后腿。在这种情况下，狼懂得避实击虚，在靠近猎物时，它会咬住猎物的后腿踢不到的位置，比如肩部、臀部、颈部等。这样做的好处是，一方面避免自己受伤，另一方面可以更有效地制敌人于死地。

《孙子兵法》对这种狼性智慧做了精辟的阐释："兵之形，避实而击虚。水因地而制流，兵因敌而制胜。"通俗地讲，就是克敌之胜，要避开敌人强大的坚固之处去攻击相应的薄弱环节。

在为人处世的时候，我们也可以巧妙地利用人性的某些弱点，将事办成。清代著名书画家"扬州八怪"的代表人物郑板桥就曾踏入了这种"局"，吃了一次"哑巴亏"，帮助富豪办成了一件自己不想办的事。

郑板桥由于擅长画竹、兰、石、菊，字写得也棒。他那幅《难得糊涂》的复制品，今天大街小巷仍随处可见。当时，慕名上门索求他字画的人也不少。郑板桥也不客气，写了一张价格表贴在大门上，上面写道："大幅六两，中幅四两，小幅二两，条幅对联一两，扇子斗方五钱。凡送礼物、食物，总不如白银为妙；公之所送，未必弟之所好也。送现银财中（衷）心喜乐，书画皆佳。礼物既属纠缠，赊欠尤为赖账。"

明码标价，颇为痛快直爽。不过，郑板桥恃才傲物，鄙视权贵，一些达官显贵想索求字画，哪怕推着装满银子的车来，也被拒之门外。

有位大富豪新盖了幢别墅，豪华富丽，但就是缺少点斯文气息。有人建议，何不弄两幅郑板桥的字画，往客厅里一挂，不就高雅脱俗了吗？

富豪一听，猛拍大腿，妙！拎着钱箱就往郑板桥家跑。名片递进去后，照例被挡在门外，理由无非是先生外出、不舒服、在练气功，等等。一连几次都是被拒之门外。

后来，这位大富豪与一位大官朋友闲聊时，提起了这件事。大官说："你怎么连郑板桥是什么人都不晓得？别说你啦，我想要他的画，要了好几年，都还没弄到手。"

大富豪一听，顿时来了精神，夸下海口道："瞧我的，不出几天，定能弄几幅字画来，上面还要让他写上我的大名。"

于是，大富豪派手下人四处打探郑板桥的生活习惯和各种爱好。

这一天，郑板桥出来散步，忽然听见远处传来悠扬的琴声，曲子甚雅，不觉得感到好奇，这附近没听说有什么人会弹奏琴呀？于是，他循声而来，发现琴声出自一座宅院。院门虚掩，郑板桥推门而入，眼前的情景让他大感惊讶：庭院内修竹叠翠，奇石林立，竹林内一位老者鹤发童颜，银髯飘逸，正在拂琴。哎呀，这分明是一幅图吗？

老者看见他，琴声戛然而止，郑板桥见自己坏了人家的兴致，有点不好意思，老者却毫不在意，热情让他入座，两人谈诗论琴，颇为投机。

谈兴正浓，突然，传来一股浓烈的狗肉香，郑板桥感到很诧异，但口水已经忍不住要流下来。

一会儿，只见一个仆人捧着一壶酒，还有一大盆烂熟的狗肉，送到他们面前。一见狗肉，郑板桥的眼睛就盯在上面，老者刚说个"请"字，他连故作推辞的客套话都忘掉了，迫不及待地狂喝酒，猛吃肉。

风扫残云般地吃完狗肉，郑板桥这才意识到，连人家尊姓大名还不晓得，就糊里糊涂在人家这里大吃了一通。现在酒足饭饱，总不能就这么一甩袖子，说声"拜拜"就走吧？

正在这时，老者开口说道："今天能与赫赫有名的画家邂逅，实在是幸会，我不求什么回报，请您为我画几笔，也算留个纪念吧。"郑板桥一想也是，留点银子吧，不仅太俗，而且自己出来散步没带钱呀！

老者似乎还有点不好意思，连声说："吃顿饭不过是小意思，还得让您为我画一张画，真不好意思！"

郑板桥以为他不稀罕字画，便自夸说："我的字画虽算不上极佳，但还是可以换几两银子的。"

等到郑板桥画完，又问老者的姓名，老者报了一个，郑板桥听后觉得耳熟，但一时又想不起来是怎么回事，还在落款处题上"敬赠某某某"。看看老者满意地笑了，这才告辞离去。

第二天，这几幅字画就挂在大富豪别墅的客厅里。大富豪遂请来宾客，共同欣赏。宾客们原以为他是从别处高价购买来的，但一看到字画落款处有他的大名，这才相信是郑板桥特意为他画的。此事郑板桥知道后，后悔不迭，但是为时已晚。

人性总是有些弱点的。我们在与人交往，为人处世的时候，也不妨利用这些弱点，巧妙布局，在不损人的情况下轻轻松松地达到自己的目的。

懂得选择与放弃

在西班牙山地生活的狼，为了捕获善于攀岩的岩羊，事先会经过非常周密的计划。有时候为了捕获猎物，它们甚至几天之内都不进食。因为吃得太饱反而成为累赘，到手的猎物也会眼睁睁地让它跑掉。

跟其他动物比起来，狼的眼光要长远得多。它不会计较眼下一得一失，用几天不进食的代价去换回更大的猎物。这就是典型的狼道法则。可是身为人类，很多人却不明白这一点。

有个青年，想发财都想疯了。一天，他听说附近深山里有位白发老人，如果有缘与他相见的话，则有求必应，肯定不会空手而回。

于是，青年便连夜收拾行李，往山顶上爬去。他在那儿苦等了五天，终于见到了那个传说中的白发老人。青年于是毕恭毕敬地走向前去，向老人请教生财之道。老人将三块不同大小的西瓜放在青年面前，问："如果每一块西瓜都代表着不同的利益，那你选哪一块呢？"

青年没有丝毫的犹豫："当然选最大的那一块了。"

老人笑了笑，将最大的那块西瓜递给青年，而自己则拿起最小的那块吃起来。老人很快就吃完了，随后从容地拿起桌上仅剩的那块西瓜，得意地在青年面前晃晃，然后吃起来。青年马上明白了老人的意思：老人先吃的西瓜虽没有自己的大，却比自己多吃了一块。如果每块西瓜代表一定的利益，那老人所占的利益肯定要比自己的多。

临别时，老人对青年说："要想发财，首先得学会放弃。只有放弃了眼前的利益，才能获得长远的利益，这就是人们的发财之道。"

由此我们可以看出，人生目标不能短视，而一定要长远。很多人之所以不能取得大成功，就是由于他们只看重眼前的利益，被眼前利益迷惑了双眼，从而让更大的收益机会从身边溜过去。

哲学家蒙田说："若结果是痛苦的话，我会竭力避开眼前的快乐；若结果是快乐的话，我会百般忍耐暂时的痛苦。"所以，我们若是一味地把目光只放在眼前，那么未来就难以掌握；而我们若是想获得长久的快乐，那么就要忍受暂时的痛苦。

大多数人在做决定时都只考虑眼前而不考虑未来，结果快乐没得到却得到痛苦。事实上，人世间一切有意义的事若想成功，那就必须忍受有所失的痛苦。

一位著名音乐家举家移民国外。刚到英国的时候，因一时找不到适合自己的工作，全家人陷入了生活的窘境。迫于生计，音乐家不顾身份来到街头拉小提琴，希望通过卖艺来赚取生活费。

几天后，他突然发现一家商业银行的门口人来人往，热闹非凡。一位黑人提琴手正在那里聚精会神地拉琴。不到一小时的时间，这位黑人就得到了数目不小的一笔钱。

于是，音乐家也走过去，在银行大门口拉小提琴。显然，他的功底比黑人提琴手要高得多。人们争相涌到他的面前。几曲过后，围观的人纷纷慷慨解囊。

过了一段时间，音乐家赚到很多卖艺钱之后，就和黑人提琴手道别。他说要到音乐学府里拜师学艺，和艺术家们互相切磋。黑人对他的举动嗤之以鼻。

三年后，音乐家又一次路过那家商业银行，发现那个黑人提琴手仍然在门口拉琴，而他的表情一如往昔，脸上露着得意、满足与陶醉。当黑人提琴手看见音乐家突然出现时，很高兴地说："好久没见了！你现在在哪里发财呀？"

音乐家回答了一个很有名的音乐厅的名字，但黑人提琴手没有一丝反应，只是问道："那家音乐厅的门前也是个好地盘，也很好赚钱吗？"

"还好，生意还不错！"音乐家没有明说。

其实，黑人提琴手哪里知道，音乐家早已不比当年，他现在已经是一位国际知名的作曲家、指挥家，还经常应邀担任著名乐团的指挥，生活条件也比昔日好得多。

中国有句古话："有舍才有得。"有所得，就必有所失。什么都想得到，只能是生活中的侏儒。要想获得某些有价值的东西，就必须放弃许多东西。

传统观念认为，"好汉不吃眼前亏"。这其实是一种误解。好汉的眼光关注的是长远的利益，所以，对于眼前的一些祸福吉凶，他们都会咬牙忍耐。这就叫"好汉也吃眼前亏"。当然，忍耐不是屈从命运的安排，吃亏也不是逆来顺受。忍耐是为了积蓄力量，吃亏是为了风雨过后的彩虹。

普里策 21 岁时便获得了律师开业许可证。但作为一个有抱负的青年，他觉得当律师创不了大业。经过深思熟虑，他决定进军报界。

古希腊物理学家阿基米德说过："只要给我一个支点，就能使地球移动。"这给普里策很大的启发，他决心先找一个"支点"，有了"支点"才能去实现移动"地球"的壮举。因此，他千方百计寻找进入报业工作的立足点，以此作为他千里之行的起点。他找到圣路易斯的一家报馆，老板见他颇具热情，机敏聪慧，便答应留下他当记者。但有个条件，以半薪试用一年后再决定去留。

颇有眼光的普里策虽然明知老板对自己不信任，但他仍乐意屈就。为了自己长远的人生目标，他把做人的"忍耐"发挥到极致。在报馆工作期间，他顶住了老板的百般刁难和同事不屑的白眼，虚心研究报馆的各种工作环节。最后老板高兴地提前吸收他为正式职工，第二年还把他提升为编辑。随着普里策的署名文章增多，影响力扩展，他的经济收入也大幅上扬。

一天，报馆老板把他叫进办公室，让他做该报总策划，并答应待遇还能再提高。但是，普里策并没有被眼前的小利益蒙住双眼，他心怀更高的志向，有着更长远的打算。他毅然辞去这份工作，开始竞选密苏里州议会议员。

后来，随着资本积累的增多，普里策收购了《纽约世界报》。经过几年的经营，终于使这家惨淡经营的报纸一举跃升为全美最有影响和利润最丰的大报。

普里策正是凭借独到的眼光，忍辱负重，并不断进取，最终成为美国的报业巨头。在获取人生"大利益"的同时，也实现了他长远的人生目标。

1990年，还在北京外国语大学英语系读大四的杨澜，在一次偶然的央视公开招聘中，从众多的应聘者中脱颖而出，成为《正大综艺》的主持人。

1993年年底，正大集团总裁谢国民来到北京。他认为杨澜是一个很有潜力的人，应该去国外学习一段时间，更多地去提高自己的实力。

他表示愿意无偿赞助她去美国留学。谢国民的几句话，又一次改变了杨澜的命运。

1994年，杨澜辞去央视的工作，选择了留学之路。在美国留学期间，她用业余时间与上海东方电视台联合制作了《杨澜视线》，第一次以独立的眼光看待并介绍世界。凭借40集的《杨澜视线》，杨澜成功地从娱乐节目主持人过渡到复合型传媒人才。

1997年回国后，杨澜加盟了刚刚创办不久的香港凤凰卫视中文台。1998年1月，《杨澜工作室》在凤凰卫视正式开播。两年的名人采访经历，让杨澜产生了质的变化：她已经拥有了世界级的知名度、多年的传媒工作经验以及重量级的名人关系资源。然而此时，杨澜又一次从光环中退出，选择开始新的生活。

2000年3月，她收购了香港良记集团，并将其更名为阳光文化网络电视控股有限公司。不久，阳光文化正式更名为阳光体育，走上了新的发展历程。可是又一次获得成功的杨澜再次选择了退出，辞去了董事局主席的职务，并表示将全心投入文化电视节目的制作。

从当初上《正大综艺》，接着去美国留学，之后又转战香港凤凰卫视中文台，开辟阳光卫视，到现在和湖南卫视合作，杨澜作出了太多人们想不到、不理解的选择。面对荣耀和掌声，她拿出非凡的胆识与勇气，为自己赢得了广阔的天空和更大的财富。

从杨澜的选择和放弃中，我们可以看到，她的眼光是长远的、心胸是广阔的，她永远能看到远方的"大鱼"，并毅然决然地舍弃已到手的、令人艳羡不已的"小鱼"。

生活中，很多人没有取得大的成功，是因为已满足于眼前的小利益。

终日不知疲倦地为小利益奔忙，忽略了提升自己赚钱的空间和本领，因此，只能一辈子拥有一块狭小的地盘，在原地打转。

尽量避免正面的冲突

狼抓黄羊有绝招。在白天，一条狼盯上一只黄羊，先不动它。一到天黑，黄羊就会找一个背风草厚的地方卧下睡觉。一晚上狼就是不动手趴在不远的地方死等，等一夜，等到天白了，黄羊憋了一夜尿，尿泡憋胀了，狼瞅准机会就冲上去猛追。黄羊跑起来撒不出尿，跑不了多远尿泡就颠破了，后腿抽筋，就跑不动了；最终成为狼的猎物。

对于狼来说，黄羊是弱势群体，对付它们并不是什么难事。但是狼却没有选择直接从正面发起进攻，而是把策略和智慧用在了捕猎的过程中。

很多人都这样认为：既然所面对的是必须打败的对手，那就应当与之针锋相对，不妨对其迎头痛击。这种认识自有其一定的道理，但并不是在所有的时候都适用。一是在某些时间和地方，它并不会取得很好的效果，甚至会适得其反；二是既然要与对手发生正面冲突，那肯定不能够毫发无损地完全获胜。兵法上有"杀敌一千，自损八百"之说，倘若以另外一种非硬碰硬的方式能够取胜，那又何必一定要拔剑张弩呢？

在一家高级酒吧里，一位顾客大声喊着："小姐，你过来！过来！"

当那位服务员面带微笑地走过来时，那位顾客指着面前的杯子，冷若冰霜地说："看看，你们的牛奶坏了，把我的一杯红茶都糟蹋了！"

"真对不起，"服务员忙赔着不是，"我马上给您换一杯。"新的红茶很快就准备好了，碟子旁边仍然跟以前一样放着新鲜的柠檬和牛奶。

服务员轻轻地把它们放在刚才那位顾客的面前，然后又轻声说："先生，我是不是能建议您，如果放柠檬，就不要加牛奶，因为有时候柠檬酸会造成牛奶结块。"那位顾客的脸一下子红了，匆匆喝完茶，快步走了出去。

有人笑着问那位服务员说："明明是他老土，你为什么不直接点明呢？他那么粗鲁、自以为是，你完全可以对他还以颜色。"

那位服务员小姐微笑着说："正因为他自以为是，所以要用婉转的方式对待；正因为道理很简单，一说就明白，所以用不着大声。"

这位小姐无疑是个聪慧的女孩，因为她知道道理在自己这里，就没必要以硬碰硬来压制对方。

因此，聪明的人都善于把智慧这种"软兵器"放在心上，须知智慧不是一个戴在脸上的华丽面具，不是老挂在嘴上的口头禅，智慧只应体现在踏踏实实的人生进程中。所以，我们在待人接物时，不要动辄就口无遮拦地对别人品头论足、议论别人的美丑贤愚，不要老揪住别人的过失不放。虽然人在生活和工作中，常常会免不了遇到竞争对手，免不了遇到各种各样的冲突。正如有人所说的：只要是有人在一起工作的地方，就会有冲突——这是很平常且不可避免的情况。

如何面对自己的对手，或者说如何学会与对手相处，确是一门艺术和学问。处理不好就会碰得头破血流。

有位年轻人讲述了自己在职场上的一番经历：

大学毕业后，我在一家信息公司做了两年，自认为在业务与资历方面都有了长足的进展，就不免飘飘然自以为是。这时我被人事部调动至一个新部门，部门里年纪较大的老张引起了我的注意。

在我眼里，老张就是我的对手，公司里多少个有胆、有识、有为的年轻人都在跟老张的较量中纷纷落马，摔得鼻青脸肿，夹着尾巴落荒而逃，其中一位还是总经理的博士小舅子。所以当我知道自己要和老张搭档时，极度自负的我觉得有一种将遇良才、棋逢对手的感觉，大有和老张一决胜负的豪气。我觉得自己始终占据着各方面的优势：年轻、博学、新潮、反应灵敏、懂电脑、懂英文，这些都是老张无法具备的；而且我人缘好，朋友遍公司。而老张唯一能炫耀的就是他的经历和经验。据说他是十几年前和公司老总一起创业的元老。但是除此之外他还有什么可以炫耀的呢？我决定，第一天上班就给老张一点颜色看看。在讨论公司的一个可行性方案时，其他人说什么我都不提支持或者反对意见，只要老张一开口，我就立即提出反对意见，并罗列出十条八条、头头是道的不可能因素，让大家一眼就看出老张观念之落伍、学识之老化。说话时，我似乎看到老张无声地叹了一口气。

接下来的几天，由于我的在场，我迅速而果断的办事能力几乎让所有的同事都能发现老张在工作中的弊端。几次老张头上冒汗，口中念叨着"老了，老了"。我正想着老张应该考虑一下知难而退，把位子让给年轻人尽情发挥的时候，却发生了一件意外的事情，使我的算盘全部落空。

那天老张领了一个人来找我，让我替他安排工作，说这人是他……

老张故意让我打断他的话，我为了让老张尽失颜面，故意把那人刁难一番，横挑鼻子竖挑眼，然后让他去了一个无关紧要的部门。

第二天，董事长把我叫去，我这才知道我刁难的那个人是董事长的儿子以前的幼儿园老师。从那以后，董事长对我就"恨"上了。总经理和部门经理从此也好像当我并不存在，像是一个可多可少的物品。我怒气冲冲地找老张质问，老张幸灾乐祸地说要想不办错事，就一定要先学会不打断别人的说话，其他没什么可以传授给我的。我恨得直咬牙但又没有一点办法。没几天，我就被调离了所在部门，去了一个号称"养老部"的最冷的"衙门"。

这位年轻人固然时运不济，遇到一个任人唯亲的董事长，但他的教训也恰好印证了人生战场上的一大戒律：在多数情况下，与自己的竞争对手发生正面冲突，永远是最愚蠢的做法。

以针尖对麦芒之势对待竞争对手，也许会出一时之气，但你所付出的代价恐怕会远远超过所得到的。别以为与竞争对手的争辩是在显示你的伶牙俐齿，尤其是为了个人利益而大动肝火，这会让人觉得你原来竟是如此重视自己的得失。

同时，发生正面冲突会使自己失去冷静和理智，从而暴露自己的缺点和弱点。事实证明，许多人都常常后悔自己在盛怒之下的所作所为。

因此选准时机，尽量避免正面冲突，而以"软招"制敌的战术才是真正的取胜之道。面对对手或光明或阴险的种种行径，你不妨耐心等待。当他们急着表现自己的时候，常常会暴露自己的弱点。这时你再调整竞争策略，既稳操胜券又光明磊落。何乐不为？同时，以委婉又不卑不亢的态度化解与对手的正面冲突，显示了你有极强的处理突发事件的应变能力。

　　当然，更主要的，人生竞争的紧张压力本来就使人容易变得猜忌、乖戾，这时你与其花费时间去奉陪对手，远不如冷静下来想想怎样巩固自己的阵地。赢得更多的"人气"才使你显得高人一筹。

狼密说五：

敢于冒险，成功才没有风险

除了战略、战术上的需要，没有哪一匹狼会畏惧眼前的形势而后退半步。在自然界中，狼虽然不是最强大的，但狼绝对是最无所畏惧的、敢于冒险的。狼为战斗而生，为冲锋而死，永远向前、勇于冒险是狼身边永不消失的号角。一个人也应该像狼一样，具有冒险精神。

无畏无惧是狼的天性

　　一个普通的人如果能够大胆就会完全改变他的形象。他就能够因此而树立起自己的威信，而要达到这样的目的其实只要采取大胆行动就可以了，不需要花费太大的周折，而这一切都是那样的简单，每人都是可以做到的。

　　22 岁的阿雷蒂诺是一个富裕的罗马家族里卑微的厨房助理。他的梦想是成为伟大的作家，让全世界人都知道他的名字。

　　有一年，教皇里奥十世非常喜爱的一头名为哈诺的大象快要病死了，教皇请来最好的医生为它治疗，但大象还是死了。教皇非常悲伤，他请来伟大的画家拉斐尔，命令他画一幅和哈诺同样大小的画放在大象的坟墓上，墓碑的铭文刻着："自然夺走的，拉斐尔以他的艺术还原。"

　　过了几天，一份名为"大象哈诺的遗嘱"的小册子在罗马街头广为流传。这本小册子以死去的大象哈诺的口吻针砭时弊，其中有这样一段文字："把我的膝盖留给罗齐主教，这样他就可以仿效我的屈膝跪拜；把我的口颚留给圣夸特洛主教，这样他就可以更容易地吞掉所有耶稣的收入；把我的耳朵留给麦迪西主教，这样他可以听到每个人的作为。"

这本没有署名的小册子用调侃的语气涉及了罗马的每一个大人物，甚至连教皇本人也包括在内。它把每个大人物最出名的弱点都暴露在民众面前。小册子以韵文结束："留意啊！阿雷蒂诺是最厉害的敌人，千万不要让他成为你的朋友！他仅用言辞就可以毁掉崇高的教皇，所以，上帝要每一个人都防范他的口舌。"

阿雷蒂诺以一本简短的册子一举成名。罗马的每个人都想知道是哪个叫阿蕾蒂诺的人如此大胆。教皇甚至也被他的胆大妄为逗乐了，他靠自己的权力把阿雷蒂诺找了出来，但是教皇不仅没有处罚他，反而让他在教廷里供职。

以后几年，他以"王公贵族的杀手"名扬天下，大人物因为畏惧他辛辣的舌锋而对他十分敬重，其中包括法国国王以及神圣的罗马帝国皇帝。

如果你本身很渺小，那么你就要骑在巨大之物身上，目标越大，就越惹人注目；攻击越大胆，你就越显得突出，从而赢得更多的佩服。而这一切都需要你的"胆大妄为"。

人们总是希望过平静安逸的生活，希望能够获得他人的认可。他们在各种各样的顾忌中生活，所以行事谨慎。大胆的行动或许也是想过的，但是也可能只是想想而已。没有人天生就大胆，即使像拿破仑这样的伟大人物，他的大胆也是在战场上培养起来的。他克服了自己的胆怯，因为他知道要成就伟业就必须勇敢，怯懦的人永远不可能取得比较大的成就。

许多人不敢或者说不愿意承认自己的这种胆怯的弱点，他们可能会用关怀别人，不愿意伤害别人等语言来为自己开脱。实际上正是因为他们没有自信，是他们本身的怯懦才让他们这样做的。

大胆不是天生的，而是需要培养的。有的时候需要自提身价，身价越高，别人就越重视你，这是你培养自己大胆的一种方式。

哥伦布航行时，他需要西班牙王室资助他。他向王室提出，必须册封他为"海洋大元帅"，许多人认为，这一不合理的要求王室是无论如何不会答应的，但是事实和大多数人想的恰恰相反。

谈判大师基辛格也赞同在谈判中要大胆的观点。他说："你要超乎寻常的大胆，向对方要求他不可能给你的条件，然后再慢慢让步。这样做的效果比从一开始就向对方要求合理的条件要好得多。"胆大和胆怯都不是人生来就具有的，都是在生活中逐渐培养起来的。如果你了解到自己身上具有这种胆怯的弱点，就应该及时有所行动，而不要给自己找任何借口。大多数情况下，人们认为大胆的后果可能是自己不可能承受的，但是还有一点要注意：胆怯的后果可能是更不能承受的。如果一直被这样的顾虑左右，那么就会让自己永远处于一种低谷状态而难有所成。

胆大不是在任何时候都能够应用到的，任何事都要具备发生的"原因"或者说是"环境"。在适当时候的大胆会给你带来好处，但是如果时机选择的不恰当就会得罪人，并让你陷入重重阻碍。胆怯也并不是毫无用处，巧妙伪装的胆怯，能够让对手放松警惕，陷入你布置的陷阱。这个时候如果再施以大胆，你将是最后的胜利者。

关键时刻需要一种豁出去的心态

一匹狼刚捕获一只黄羊，正要享用的时候，突然窜出一只豹子要横刀夺爱。从理论上讲，如果单打独斗的话，狼并不是豹子的对手。但狼毕竟是狼，它绝对不会眼睁睁地看着自己的猎物被他人夺去。这时，只见它仰天一声长啸，摆出一副"豁出去"的姿态。狼眼中放出的寒光，终于让豹子胆怯了。经过短时间的对峙，豹子退出了。

我们在做人做事的过程中，在关键的时候，也要有这种豁出去的心态，这样你就会敢作敢为，自然也就会有一番作为。

王安博士小时候曾遇到这样一件事：一天，他在外面玩耍时，发现了一个鸟巢被风从树上吹掉在地，从里面滚出了一只嗷嗷待哺的小麻雀。他决定把它带回家喂养。当他托着鸟巢走到家门口的时候，忽然想起妈妈不允许他在家里养小动物。于是，他轻轻地把小麻雀放在门口，急忙走进屋去请求妈妈。在他的哀求下，妈妈终于破例答应了。他兴奋地跑到门口，看见一只黑猫正在意犹未尽地舔着嘴巴，小麻雀却不见了。他为此伤心了很久。

王安博士从这件事中得到的教训就是：不要瞻前顾后、优柔寡断，只要是自己认定的事情，就要排除万难、迅速行动。

世界上最可怜又最可恨的人，莫过于那些总是瞻前顾后、不知取舍的人，莫过于那些不敢承担风险、彷徨犹豫的人，莫过于那些无法忍受压力、优柔寡断的人，莫过于那些容易受他人影响、没有自己主见的人，莫过于那些拈轻怕重、不思进取的人，莫过于那些从未感受到自身伟大内在力量的人，他们总是背信弃义、左右摇摆，最终自己毁坏了自己的名声，最终一事无成。

有一天，有一个在恋爱中的年轻人很想到他的恋人家中去，找他的恋人出来。但是，他又犹豫不决，不知道他究竟应该不应该去，恐怕去了之后，或者显得太冒昧，或者他的恋人太忙，拒绝他的邀请。于是他左右为难了老半天，最后，他勉强下了决心去了。

但是，当车一进他恋人住的巷子时，他就开始后悔不该来：既怕这次来了不受欢迎，又怕被恋人拒绝，他甚至希望司机把他现在就拉回去。

车子终于停在他恋人的门前了，他虽然后悔来，但既来了，只得伸手去按门铃。现在他只好希望来开门的人告诉他说："小姐不在家。"他按了第一下门铃，等了3分钟，没有人答应。他勉强自己再按第二下，又等了2分钟，仍然没有人答应。于是他如释重负地想："全家都出去了。"

于是，他带着一半轻松和一半失望回去，心里想：这样也好。但事实上，他很难过，因为这一个下午没法安排了。

你能猜到他的恋人现在在哪里吗？他的恋人就在家里，她从早晨就盼望这位先生会突然来找他，带她出去消磨一个下午。她不知道他曾经来过，因为她门上的电铃坏了。那位先生如果不是那么瞻前顾后，如果他像别人有事来访一样，按电铃没人应声，就用手拍门试试看的话，他们就会有一个快乐的下午了。但是他并没有下定决心，所以他只好徒劳而返，让他的恋人也暗中失望。

瞻前顾后的做法使人丧失许多机遇。很多时候，很多事情，如果我们能横下一条心去做，事情的结果就会大不相同。

有个人听说某公司招考一个职员，这公司的待遇优厚，远景也好，他很想去试试，但是他怕自己能力不够，又怕万一考不取丢脸。于是他犹豫着，没有下决心。直到最后，他发现另外一个比他条件差得远的人居然考取了，他才后悔自己为什么不去试一试。

许多事是应该用勇气和决心去争取的。有一位先生，他是某公司经理，他有一种不允许别人有机会扰乱他意志的长处。往往在别人还在他旁边啰啰嗦嗦地叙述事情的困难的时候，他已经把他的办法拿出来了，干净利落，决不拖泥带水。

他那种明快果决的本领，十分使人折服。而我们一般人，却常常做不到这样。当我们遇到问题的时候，时常并不是对这问题的本身不能理解，而是往往被枝节的问题所困扰，因为我们太容易被周围人们的闲言碎语所动摇，太容易瞻前顾后、患得患失，以至于给外来的力量一种可以左右我们的机会。谁都可以在我们摇晃不定的天平上放下一颗砝码，随时都有人可以使我们变卦，结果弄得别人都是对的，自己却没有主意。这正是我们成功途中的一个大障碍。

要想扫除这种障碍，首先要训练自己对真理的判断能力。但最重要的还是要训练自己在判断之后，坚定、勇敢、自信地去把这个判断付诸实行。

对一个坚决朝向他目标走着的人，别人一定会为他让路。而对一个踟蹰不前、走走停停的人，别人一定抢到他前面去，决不会让路给他。

那么，如何克服这种阻碍我们成功的习惯呢？经验证明以下方法卓有成效，不妨去试：

做事时，要有"今天是我们生命中的最后一天"的"荒诞"意识。

"假如今天是我生命中的最后一天",这是美国畅销书作者奥格·曼狄诺警示人生的一句话。真的,无论是谁,无论是想干一件什么事,如果优柔寡断的话,就会一事无成。而这种意识,恰恰是一把利刃,可立即斩断你的忧思愁缕,也像一口警钟,督促你当机立断,刻不容缓。

同时你还要甩下包袱不顾一切,要有一种豁出去的心态。"大不了就是做错了","大不了就是被人笑话一顿",而这些又能对你怎么样呢?一旦你有了这样一种意识,肯定就会雷厉风行、敢作敢当,优柔寡断的现象肯定会在你身上消失得无影无踪。

真正的狼敢于在冒险中成长

在狼的世界,风险是无处不在的,无论何时何地,任何一个小小的闪失都有可能让它们一败涂地,甚至命丧黄泉。狼不可能不知道这些。但它们不会因此就止步不前,它们会最大限度地去躲避风险,却不会对风险有任何的畏惧。真正强大的狼,就是在不断地冒险中成长起来的。

在人的一生中也是这样,风险几乎无处不在,如影随形。只有那些乐于迎战风险的人,才有战胜风险、夺取成功的希望。贪恋蜷缩在温室中、保护伞下,并非人的唯一选择。妄想处于一个没有风险的世界,只能是天方夜谭。

不愿意冒风险的人，不敢笑，因为他们怕冒一些显得愚蠢的风险；他们不敢哭，因为怕冒一些显得多愁善感的风险；他们不敢暴露感情，因为怕冒露出真实面目的风险；他们不敢向他人伸出援助之手，因为怕冒被牵连的风险；他们不敢爱，因为怕冒不被爱的风险；他们不敢希望，因为怕冒失望的风险；他们不敢尝试，因为怕冒失败的风险……即使如此，你也必须学会冒险，因为生活中最大的危险就是不冒任何风险。

一次，有人问一个农夫是不是种了麦子。农夫回答："没有，我担心天不下雨，"那个人又问："那你种棉花了吗？"农夫说："没有，我担心虫子吃了棉花。"

于是那个人又问："那你种了什么？"

农夫说："什么也没种。我要确保安全。"

一个不冒任何风险的人，什么也不做，就像这个农夫一样，到头来，什么也没有，什么也不是。他们逃避了痛苦和悲伤，但他们也不能学习、改变、感受、成长和生活。他们被自己的态度捆绑着，是丧失自由的奴隶。

俗语说："冒险越大，荣耀越多。"所以，对成功的人来说，犹豫不决、优柔寡断是一个最危险的仇敌，在它还没有对你施加影响，破坏你的机会之前，你就应该立即把这样的敌人置于死地。不要再犹豫，不要再思前想后，马上做出决定，就在现在。要逼迫自己迅速作出决策，不要在选择面前无所适从。

2002年韩日世界杯开战前，当韩国商人指望赚中国球迷的钱时，有一个中国球迷却异想天开，要赚韩元。2002年6月底，他携女友从韩国看球归来时，果真带回1亿多韩元，约合人民币100余万元。看"世界杯"，竟然让他成了百万富翁！

这个不同寻常的小伙子名叫蒋超。

刚满30岁的蒋超是湖南长沙一家电脑公司的销售员。蒋超想，世界杯召开之际，一定有很多商机，但是走许多人想到的发财之路，很难发财，一定要赚别人想不到的钱。

蒋超和女友随旅行团来到了韩国。有心赚韩元的蒋超，果断决定不同女友一起去西归浦看中国队的比赛，而是选择了前往韩国队首场比赛的地点——釜山。

蒋超独自来到釜山。他发现当地商人在出售价格便宜的铜制"大力神杯"。蒋超心中一动：这种铜制品又贵又沉，自己何不用塑料泡沫仿制呢？这样，又便宜又能带入赛场，这样球迷们肯定更喜欢。

说干就干，第二天一大早，蒋超就买回了原料和工具，在宾馆里做起了他的"大力神杯"，做完后用金粉一刷，嘿，还真像那么回事！兴奋之下，他没日没夜地赶工，韩国队与波兰队的比赛开始前，他已经赶制出了152只漂亮的"大力神杯"。

比赛当天，蒋超将这些"大力神杯"拉到了釜山体育场的入口处叫卖，每只1万韩元。但无人问津，蒋超在心里默默祈祷：韩国队，只有你们赢了，我的这些产品才卖得出去啊！

开赛第25分钟，韩国先入一球，体育场内顿时欢声雷动，蒋超凭直觉感到韩国队今天会大胜，便立刻叫雇来的那个人火速去收购商场里的韩国国旗，一共买到了1000余面。蒋超决心放胆赌上一把。

比赛的结果韩国队以2∶0干脆利落地击败了波兰队，极度兴奋的韩国球迷们冲出球场，大肆庆祝韩国队的胜利。这时，蒋超摆放在那儿的韩国国旗和"大力神杯"顿时成了抢手货，它们很快便被抢购一空。兴奋的球迷们甚至连价格都不问，拿了东西丢下10万、20万韩元就走。当天夜里，在韩国人排山倒海的欢呼声中，疲惫不堪的蒋超开始盘算他的收益：扣除各项成本，他净赚1000万韩元（约合7万元人民币）。

首战告捷，更坚定了蒋超"赚韩元"的信心。第二天，蒋超立马赶赴韩国队第二轮比赛的城市大丘。在他的鼓动下，女友也改变了原来的游览计划，赶来大丘与他会合。两人夜以继日地赶制塑料泡沫"大力神杯"。眼见韩国队荷兰籍主教练希丁克在韩国的威信日升，精明的蒋超不仅定制了荷兰国旗，还特意找当地人印制了希丁克的画像。他的成本价才25韩元的"大力神杯"，最高甚至卖到了15万韩元一只。

蒋超和女友收获最大的还是在仁川，这次他们多了个心眼，赛前仅出售了一半带来的"大力神杯"和韩、荷两国国旗。他们决定把另一半生意做到比赛现场。

这次比赛，韩国队击败了夺冠大热门葡萄牙队。看台上的韩国人都疯狂起来了。蒋超和女友仅在现场批发、零售希丁克的画像就赚了2000万韩元。

赛后，首次冲进16强的韩国人足足庆祝了三天三夜，而这三天三夜的庆祝又带给了蒋超他们上千万韩元的进账！韩国队八分之一决赛的对手，是曾三夺世界杯的老牌劲旅意大利队。除了韩国人自己，几乎没有人相信韩国队能过这一关。这一次连蒋超也犹豫了。他关在宾馆里反复观看了两队在小组赛的录像。最后，他得出一个让女友都极力反对的结论：韩国队很可能爆冷门战胜意大利队。蒋超决定再赌一把。他收购了赛场所在地大田市场所有商场的"大力神杯"仿制品，同时，自己雇用工人连夜赶制他的得意之作——塑料泡沫"大力神杯"。最后他又动起了脑筋，联想到朝鲜队曾经在1966年以1∶0击败过意大利队，而韩朝统一的呼声日盛，那么1966 again（意译为"再现1966年的奇迹"），一定可以赢得韩、朝两国人民的认可。蒋超当即跑去找人印制了印有1966 again 的旗帜。事实证明这一招非常成功！赛场里，民族情绪空前高涨的韩国人手里挥舞从蒋超那儿买来的巨幅旗帜和"大力神杯"，又跳又叫的场面让全世界的观众都为之动容。

当比赛进行到最后一分钟，韩国队奇迹般地打进扳平的一球时，全场观众山呼海啸般地喊起了"1966 again"，他们疯狂地挥舞着"大力神杯"和"韩国国旗"，连在现场观战的韩国总统金大中，也忘情地挥舞着一只仿制的"大力神杯"。让蒋超倍感骄傲的是，这只"金杯"正是金大中总统的侍从赛前临时以12万韩元的价钱，从他的手中购得的！

在韩国队与德国队进行半决赛时，蒋超又别出心裁地卖起了希丁克的塑像。赛场外，希丁克塑像遭到哄抢，最高卖到8万韩元一只。最让蒋超吃惊的是，三四名决赛后，现场大屏幕上韩国总统金大中手中居然又拿着一件他的作品——希丁克石膏塑像！

2002年6月底，蒋超和女友回到湖南，带回来的竟然是1亿多韩元，折合成人民币有100余万元。看球看成了百万富翁，真是令人惊叹不已！

蒋超在接受记者采访时感叹："其实世界杯为所有的人都提供了商业契机，只是我们中间的绝大多数人不敢去想、不敢去做而已！"

有些人心细如发，做事的时候都希望把风险降到最低，事事求保险，这当然无可厚非。但是有些时候，机会稍纵即逝，稍有犹豫就很可能错失良机。做任何事情都是有风险的，如果一味拣有把握的事情做，那么你的人生可能永远是碌碌无为的。

有些人一旦遇到了棘手的事情，就一定要去和他人商量。这种优柔寡断的人，既不相信自己，也不会被别人所信赖。有的人简直优柔寡断到了无可救药的地步，他们不敢决定任何一种事情，不敢担负起应负的责任。而他们之所以这样，是因为他们不知道事情的结果会怎样——究竟是好是坏，是吉是凶。他们常常对自己的决断产生怀疑，不敢相信他们自己能解决重要的事情。因为犹豫不决，很多人错失了成功的大好机会。

当然，对于比较复杂的事情，在决断之前必须从各方面来加以权衡和考虑，但是一旦打定主意，就决不要再更改，不再留给自己后退的余地。一旦决策，就要有破釜沉舟的勇气。只有这样做，才能养成坚决果断的习惯，既可以增强人的自信，同时也能博得他人的信赖。有了这种习惯后，在最初的时候，也许会做出错误的决策，但由此获得的自信等种种卓越品质，足以弥补错误决策可能带来的损失。即使冒险的尝试，也胜于胎死腹中的计划。

放手一搏赢得曙光

两匹狼和一头强壮的野猪不期而遇。面对野猪闪着寒光的獠牙，狼在犹豫，是放弃还是放手一搏？最终它们选择了后者。经过一番厮杀和搏斗，野猪被制服了。两匹狼带着猎物凯旋，赢得了同伴们艳羡的目光。

在通往成功的路上，一个绝境就是一次挑战。如果你不是被吓倒，而是奋力一搏，也许敌人都能成为你成功的阶梯，也许你会因此而创造超越自我的奇迹。

在法国一个位于野外的军用飞机场上，一位名叫佐尼尔的飞行员正在专心致志地用自来水枪清洗战斗机。突然，他感到有人用手拍了一下他的后背。回头一看，他吓得大叫一声，拍他的哪里是人，一只肥大的狗熊正举着两只前爪站在他的背后！佐尼尔急中生智，迅速把自来水枪转向狗熊。也许是用力太猛，在这万分紧急的时刻，自来水枪竟从手上滑了下来，而狗熊已朝他扑了过去……他闭上双眼，用尽吃奶的力气纵身一跃，跳上了机翼，然后大声呼救。

警戒哨里的哨兵听见了呼救声，急忙端着冲锋枪跑了出来。两分钟后，狗熊被击毙了。

事后，许多人都大惑不解：机翼离地面最起码有 2.5 米的高度，佐尼尔在没有助跑的情况下居然跳了上去，这可能吗？

如果真是这样，佐尼尔不必再当飞行员了，而应去当一名跳高运动员，去创造世界纪录。然而，事实确实如此。

后来，佐尼尔做了无数次的试验，却再也没能跳上机翼。

绝处逢生后，就可以使我知道困难没什么了不起。

一个人绝对不可在遇到困难时，背过身去试图逃避。若是这样做，只会使困难加倍。相反，如果面对它毫不退缩，困难便会减半。在人生的旅途上，遇到各种各样的困难是在所难免的。我们每个人在任何时候都会遇到大大小小的不同的困难，这些困难也向我们提出了不同的挑战。人生如战场，试想一下，如果你身临战场，当你遇到困难和敌人时就赶紧后退，其后果如何？把事情做好，把困难解决掉，这不也是一种"作战"吗？在面对困难时只要不回避而是面对它们，它们就不会成为大问题。轻轻地触摸荆草，它会刺伤你；大胆地握住它，它的刺就碎落了。

坚定的信心是战胜困难的坚强后盾。一些人见到困难就想打退堂鼓，原因之一，是对自己能否战胜困难信心不足，不大相信自己的能力。其实，困难并不可怕，特别是在日常工作生活中遇到困难，往往只要坚持一下，就能战而胜之。生活中谁没有遇到过困难？我们从呱呱坠地开始，从学走路、学讲话开始，历经了无数困难，可回首看看，这些困难不都被我们克服了吗？俗话说，困难是弹簧，你弱它就强。面对困难，我们一定要鼓足勇气，坚定信心，决不轻言后退。当然，自信心是建立在能力素质基础上的。为此，平时就要加强学习，努力训练，不断增强战胜各种困难的过硬本领。

当一项艰难的任务摆在你面前时，千万不要退缩，要怀着感恩的心情主动接受它，并用积极的行动向所有人证明自己是好样的。这样一来，你肯定能获得发展的机会。在必要的时候，人应当进行超越能力的攀登，否则，高山的存在又有何意义？

明知山有虎，偏向虎山行

勇气是什么？对于一匹狼来讲，勇气就是不惧任何挑战的决心。如果猎物和老虎、狮子在同一处出现，那么狼一定会"明知山有虎，偏向虎山行。"

在平时，出人头地靠的是真才实学，靠的是自己的实力；在遇到重大机会时，要想抓住它，我们就得有不怕牺牲的魄力，决不能按部就班，循规蹈矩。当值得冒险时，仍须像狼一样放手一搏。

机会不是一种经过驯化的动物，它也有反咬一口的能力。一个成功的机会，处置得当，则功成名就；处理失当，可能使自己蒙受重大损失。这就是很多人在机会降临时却畏缩不前的原因。能否成为大商人，不仅是能力问题，也要看你有没有一决胜负的魄力。

1999年，李彦宏在北大资源宾馆租了两间房，百度公司正式成立。不久，他顺利融到第一笔风险投资金120万美金。9个月后，风险投资商德丰杰联合IDG又向百度投入1000万美元。如此出色的成绩单，对于一家创企业来说，已经非常令人咋舌了。平平稳稳的读过创业的三年危险期，公司进入发展期，业内名气越来越大，越来越多的公司登门寻求合作。当时，百度为门户网站提供搜索服务，仅凭这一项业务，他们就可以不费力气的赚钱。

这个时候，李彦宏体内的不安分的因子开始蠢蠢欲动了。在公司董事会上，他提出一项惊人的方案——建立独立搜索网站，并提出竞价排名的经营模式。

当时，正值"互联网的冬天"，多数互联网企业都选在保守经营，稳扎稳打，不轻易出招，所以他的方案一经提出便遭到了董事们的一致反对。董事们认为，做独立搜索网站，门户网站这块就指不上了。你不给它打广告，它凭什么给你钱？竞价排名模式听上去很美好、很光鲜，可并不是在短期内就能搞起来的，弄不好，赔了夫人又折兵。所以与其逆流而上，不如坐收渔利。

那次会议，从下午2点一直开到深夜，争执声从未间断。李彦宏就像一头愤怒的雄狮，不断用事实和数据驳斥反对者的言论，然而他们始终无动于衷。在董事会上无法得到支持，李彦宏又转向几位大股东寻求帮助，但同样没有得到认可。这时的李彦宏完全没有了平时儒雅的风范，他大声质问着、吼叫着，他的执着与激情终于打动了一个股东，答应把资金投给他。他也破釜沉舟，把所有家当都压上去，完全是"不成功便成仁"的架势。

结果我们知道，他成功了，他的百度公司于2005年8月在美国纳斯达克成功上市，成为全球资本市场最受关注的上市公司之一，李彦宏本人也跻身福布斯富豪榜。

人生的奋斗有时就像战场争锋，"兵以正合，以奇胜"，在多数时候，要追求"堂堂之阵，凛凛之威"，先营造胜势，再追求胜利。但在特殊情况下，也要破釜沉舟、背水一战，冒险取胜。"诸葛一生唯谨慎"，到了万不得已时，也要玩一下"空城计"，冒一个大风险。

敢于直面挑战，克服你的恐惧，人生便不再永远黑暗，敢于争取，敢于斗争的人才会给自己争取到成功境界里的一席之地，如果你无法战胜自己的恐惧心理，成功也就永远与你无缘，所以，不要害怕，去勇敢面对荆棘坎坷，才会活得有声有色。

狼道密说六：

忍得一时之凄凉，
方可赢得万世之辉煌

狼命中注定将处于孤独、荒凉与寂寞中，于是狼学会了忍耐，盘踞荒原一角，养精蓄锐，屏息以待。实际上，狼的忍耐是一种酝酿胜利的高超手段。虽然忍耐有可能错过一些小的机遇，但谨慎小心可以避免意外的发生。忍耐实际上是一种动态的平衡，是一种形式的转换，不要被利益所陶醉，也不要因利益而悲伤。忍耐可以帮助我们参透烦恼，获得真谛。

狼道之等待

狼性的忍耐就是对人生的一种等待。

什么是等待呢？不任意妄为，不急不可待，不饥不择食，不铤而走险，不降格以求，不动辄得咎，不随风摇摆，不机会主义，不低级趣味，不蝇营狗苟，不出卖原则，不出卖灵魂。等待的后面是一种尊严，一种信念，一种节操，一种原则，一种大道。等待的同时既是学习又是发展而且还是充实。

在人的一生当中，有很多时光都是在等待中度过。虽然等待的结果是未卜之事，但是在等待的过程中，我们可以充实自己，积蓄足够的力量。

很多天赋较高的人，终生处在平庸的职位上，导致这一现状的原因是不思进取。而不思进取的突出表现是不读书、不学习。宁可把业余时间消磨在娱乐场所或闲聊中，也不愿意看书。也许，他们对目前所掌握的职业技能感到满意了，认识不到新知识对自身发展的价值；也许，他们下班后非常的疲倦，没有毅力再进行艰苦的自我培训。

等的无奈，在于等的人对于所等的事是完全无法支配的，对于其他的事又完全没有心思，因而被迫处于无所事事的状态。存有期待使人兴奋，无所事事又使人无聊，等待便是混合了兴奋和无聊的境界。随着等的时间的延长，兴奋转成疲劳，无聊的心境就该占据优势。

在我们的人生道路上，难免会走到某几扇陌生的门前等待开启，那心情接近于等在妇产科手术室门前的丈夫们的心情。不过，我们一生中最经常等候的地方不是门前，而是窗前。那是一些非常狭窄的小窗口，有形的或无形的，分布于商店、银行、车站、医院、机关等与生计有关的场所，我们不得不耐着性子，排着队，缓慢地向它们挪动，然后侧转头颅，以便能够把我们的视线、手和手中的钞票或申请递进那个洞里，又摸索着取出我们所需的票据文件等等。这类小窗口经常无缘无故地关闭，还好我们的忍耐力磨炼得非常发达，已经习惯于默默地无止境地等待了。

假如你在一个孤岛上，过着极其单调的生活，信将是你与世界取得联系的唯一途径了，那么等信会是怎样一种心境呢？你会不会仿佛就是为了拿到信的那一刻激动而活着呢？也许这种等待常常落空，可是等待本身就为一天的生活提供了色彩和意义。

事实上，我们一生都在等待，生活就是在这等待中展开着并且获得了理由。等的滋味不免无聊，然而，一无所等的生活更加无聊。你可以没有爱情，但如果没有对爱情的憧憬，哪里还有青春？你可以没有理解，但如果没有对理解的期待，哪里还有创造？你可以没有所等待的一切，但如果没有等待，哪里还有人生？若把人生比作一次旅行，我们便会发现，途中耽搁实在是人生的寻常遭遇。我们向理想生活进发，因了种种必然的限制和偶然的变故，或早或迟会在途中某一个点上停了下来。我们相信这只是暂时的，总在等待着重新上路，希望有一天能过上自己真正想过的生活。

全国著名的推销大师，即将告别他的推销生涯，应行业协会和社会各界的邀请，他将在该城中最大的体育馆，做告别职业生涯的演说。

那天，会场座无虚席，人们在热切地、焦急地等待着，等待那位当代最伟大的推销员作精彩的演讲。当大幕徐徐拉开，舞台的正中央吊着一个巨大的铁球。

一位老者在人们热烈的掌声中，走了出来，站在铁架的一边。他穿着一件红色的运动服，脚下是一双白色胶鞋。

人们惊奇地望着他，不知道他要做出什么举动。

这时两位工作人员，抬着一个大铁锤，放在老者的面前。老者介绍了用铁锤把大铁球敲打得荡起来的规则。主持人这时对观众讲：请两位身体强壮的人，到台上来。好多年轻人站起来，转眼间已有两名动作快的跑到台上。

一个年轻人抢着拿起铁锤，拉开架势，抡起大锤，全力向那吊着的铁球砸去，只听一声震耳的响声，那吊球动也没动。他就用大铁锤接二连三地砸向吊球，很快他就气喘吁吁。

另一个人也不示弱，接过大铁锤把吊球打得叮当响，可是铁球仍旧一动不动。

台下逐渐没了呐喊声，观众好像认定那是没用的，就等着老人做出什么解释。

会场恢复了平静，老人从上衣口袋里掏出一个小锤，然后认真地，面对着那个巨大的铁球。他用小锤对着铁球"咚"敲了一下，然后停顿一下，再一次用小锤"咚"敲了一下。人们奇怪地看着，老人就那样"咚"

敲一下，然后停顿一下，就这样持续地做。

十分钟过去了，二十分钟过去了，台下的人们开始失去耐性，会场早已开始骚动，有的人干脆叫嚷起来，人们用各种声音和动作发泄着他们的不满。老人仍然一小锤一停地工作着，他好像根本没有听见人们在喊叫什么。人们开始愤然离去，会场上出现了大块大块的空缺。留下来的人们好像也喊累了，会场渐渐地安静下来。

大概在老人进行到四十分钟的时候，坐在前面的一个妇女突然尖叫一声："球动了！"人们果真发现在小锤的不断敲打下，大铁球开始摆动起来。霎时间会场立即鸦雀无声，老人仍旧一小锤一小锤地敲着。吊球在老人一锤一锤的敲打中越荡越高，它拉动着那个铁架子"哐、哐"作响，它的巨大威力强烈地震撼着在场的每一个人。终于场上爆发出一阵阵热烈的掌声，在掌声中，老人转过身来，慢慢地把那把小锤揣进兜里。

老人开口讲话了，他只说了一句话：在成功的道路上，你没有耐心去等待成功的到来，那么，你只好用一生的耐心去面对失败。

所以，学会等待，不可心浮气躁。俗话说：饭我们要一口一口地吃，路同样也要一步一步地走；又说，一口吃不出个大胖子，一步不能登天；还说，心急吃不了热豆腐。

等待并不是无可奈何的被动的放弃，而是在静观中审时度势，寻找战机，本身就包含着主动进取的因素。

许多创业者，尤其是靠技术起步的创业者，经常对什么时候进行融资举棋不定。马上就融吧，担心自己的权益被融资方侵夺；不融吧，资金量又实在太小，想快一步发展都非常的难。技术转化为产业是个很有意思的现象，并不是所有的技术都适合市场，所以，如果能自己先摸爬滚打一段时间，既逐渐积累些经验，又确认自己的位置，同时也能给投资者相当的信心。这时候去融资，往往能够左右逢源。因为所有的投资商都讲究"先投人再投项目"，只有你自己能经受住市场无情的考验，你才能得到人们的青睐。所以，等待是必要的。

但等待不是一味死等，而是在等待中你有大量的事情要做，其中非常重要的是要训练一种判断能力，知道善于捕捉时机，知道什么时候该做什么事。

在报纸上读到一则故事：一位女作家到美国去访问，在纽约街头遇到一位卖花的老太太，穿着很破旧，看上去身体非常的虚弱，但是脸上却露出了祥和、高兴的神情。女作家挑了一束花后说："看起来，你很高兴。"老太太说："为什么不呢？一切都这么美好。"女作家随口又说了一句："对烦恼，你倒真能看得开。"老太太的回答却令女作家大吃一惊。老太太说："耶稣在星期五被钉在十字架上时，是世界最糟糕的一天，可是三天以后就是复活节。所以，当我遇到不幸时，就会等待三天，一切就会恢复正常的。"

"等待三天"！是多么平凡而又充满哲理的生活方式，她把烦恼和痛苦全部抛到一边，心里只有一个念头：全力去收获快乐。

人要学会"等待三天"的生活方式。在现实生活当中，有人就不能"等待三天"，而留下了一生的遗憾。

在生活中，需要"等待三天"的事非常的多。要学会"等待三天"。严冬过去是春天，"山重水复疑无路，柳暗花明又一村"。

等待，一定要有坚强的意志力，要对心中的等待有信心、有耐心，还要有一份恒心。一个人如果下定决心要成为什么样的人，或者下决心要做成什么样的事，那么，拥有像狼样的耐力和驱动力肯定会使他心想事成，如愿以偿。

在匆匆忙忙、风风雨雨的人生之旅，每个人都难免不了会遇到失意碰壁后的茫然与困惑，当你面对周围不太尽如人意的环境时或者正视到内心的疼痛和苍白，你要冷静下来，暂时放慢你的脚步，因为你需要等待。等待不是无原则的停止，等待是另一种进步，等待也不是原地踏步而是进取中的思索。如果说进取是一道飞泻的瀑布，那么等待就是一潭深邃的湖泊。

学会等待不是一件很容易的事情。急功近利者不会等待，往往慌不择路，落得一败涂地，狭隘自私者，不善等待，常常锱铢必较，睚眦必报而失去了许多机遇。等待必须有冷静的头脑，坚定的目标，宽广的胸怀。

等待，不是消极颓废，而是整装蓄势；不是停滞不前，而是缜密思索，以便选好进取的最佳路径和突破口。然而，等待并非易事。头脑发热者，疏于等待；急功近利者，难耐等待；狭隘自私者，排斥等待；思想贫瘠者，不懂等待。姜子牙八十高龄遇文王，这是意志的磨炼。没有熟透的果子是青涩的，未经吹打的心灵是稚嫩的。在没有学会游泳之时就茫然下海是体会不到遨游之乐的，相反却有被淹着的危险。所以，等待也是一份成熟。也许正是因为我们心灵的年轻才少了些慎重与平和，多了一些气盛和浮躁；少了些等待和大度，多了些遗憾和无奈。如果有一天当你终于学会心平气和地等待时，你也就拥有了一份恰如其分的成熟。

无论面对什么，一定要镇静

多年前，某地政府实施了一项名为"驯鹿增量"的计划，以大量捕杀狼群的方式，让原本因人类过度捕猎而数量锐减的驯鹿得以迅速增长，期盼能再次引来人们猎鹿的活动。

一时间大量的狼被残忍地屠杀。在血腥中，人们却惊异地看到，那些目睹着在人类屠刀下倒下的同伴身影的狼，眼睛中竟然没有恐惧，没有悲伤，流露出的是一股可怕的镇静——一种动人心魄的原始傲气，一种天生的藐视一切的野性。

狼就是这样一种看似"冷血"的动物。无论在怎样的情况下，它们都能保持镇静。对于这一点，我们人类都要稍逊一筹了。

据心理学家分析，人在遭受挫折打击的时候，常见的心理包括：震惊、恐惧、愤怒、羞耻、绝望等。这些都是极为不利的心理因素，如果陷于心理挫伤的泥坑里面而不能自拔，那就会在失败中越陷越深，以至走向毁灭。所以，要警惕这些失败心理的影响。面对压力与失败，要有正确的认识和健康的心态。

面对危机最重要的是要保持沉着镇静，处变不惊。古人说"安静则治，暴疾则乱"。如果心里先慌了，那么行动必然要乱。只有镇静沉着，才有可能化险为夷，转危为安。有这样一个事例，可以说明沉着镇静在危急时刻的作用。

在印度一家豪华的餐厅里，突然钻进一条毒蛇。当这条毒蛇从餐桌下游到一个女士的脚背上时，这女士虽然感到了是一条蛇，但她未慌乱，而是一动不动地让那条蛇爬了过去。然后她叫身边的侍童端来一盆牛奶放到了开着玻璃门的阳台上。一位一起用餐的男士见此情景大吃一惊。他知道，在印度把牛奶放在阳台上，只能是引诱一条毒蛇。他意识到餐厅中有蛇，便抬眼向房顶和四周搜寻，没有发现。他断定蛇肯定在桌子下面。但他没有惊叫着跳起来，也没有警告大家注意毒蛇，而是沉着镇静地对大家说："我和大家打个赌，考一考大家的自制力。我数300下，这期间你们如能做到一动不动，我将输给你们50比索。否则，谁动了，谁就输掉50比索。"顿时，大家都一动不动了，当他数到280这个数时，一条眼镜毒蛇向阳台那盆牛奶游去。他大喊一声扑上去，迅速把蛇关在玻璃门外。客人们见此情景都惊呼起来，尔后纷纷夸赞这位男士的镇静与智慧，如果不是这一招，此间肯定有不少人的脚要乱动，只要碰撞到眼镜蛇，后果便可想而知了。他笑着指指那位女士说："她才是最沉着机智的人。"

这个故事中的女士和男士很值得我们商家学习。当商战中面临危机的时刻，同样需要这种沉着镇静的心理品质。人在危急时容易恐惧、紧张、行为失措。而一旦镇静下来，你的智慧就会"活转"过来，帮你寻找到摆脱危机的办法。

要做到沉着镇静，就要摆脱和消除面对危机而产生的急躁不安、焦虑、紧张的情绪。混乱和捉摸不定以及缺乏驾驭局面的自信心，是引发焦躁的原因。所以，要摆脱焦躁的方法就是认清危机情势，找到解决办法，强化心理素质。

有些管理者刚上任时，雄心勃勃，干劲十足，做了一段时间后生意不见起色，信心就动摇了，认为做生意原来如此艰难，后悔不该选择这一行。这意味着你进入"低潮"期了。

其实无论什么人，做哪一行工作，都会发生一两次低潮，此时管理者会出现眼睛看不见的障碍。低潮不仅在工作上会有，在游戏、运动中也会出现这种使人无奈的时期。

一旦出现低潮，若仅仅只是在短时期内表现得缺乏干劲与热忱，那还不难东山再起，卷土重来。最可怕的是对事物产生极度的厌倦。一般人都会想尽办法力图从低潮中挣扎出来，结果往往又枉费了心血，更使心里变得像热锅上的蚂蚁一般，苦不堪言。有些人就此打退堂鼓，金盆洗手不干了。

运动员进入低潮，有高明的教练可以帮助，我们进入低潮有谁能助一臂之力呢？公司以外的知心朋友，公司里关心部下的上司，要好的同事，理解并支持我们的家人，都可助一臂之力。完全凭自己的毅力坚持站起来的人也不在少数。总之，时间是最主要的因素。说得更直截了当一点，能坚持下来，就一定能走出低潮。既然如此，我们当然希望这个"时间"越短越好。有鉴于此，以下方法可以参考采用：

（1）客观分析自己的现状。

（2）从现状中找出症结之所在。

（3）用身边的成功人士来激励自己，对自己说："他能，为什么我不能？"

（4）把自己的目标分解为若干个阶段，先盯住第一个阶段去努力完成。

作为一名管理者，需要一定的技术、一定的关系网以及一定的组织，这三点，都不是一夜之间就可以形成的。以一个曾从事多种经营的管理者来说，投身一门新的行业，或许会快一点上手，但在这一段学习的过程中，必然事倍功半。如果认为成绩不理想便放弃的话，便浪费了很多时间，接着又投入另一个新的环境之中，又要从头做起，十分辛苦，而且又不能保证这一新的尝试会很快有收获。

所以，一个人在管理之始，要好好地考虑和准备。下了决心，便要以勇往直前的大无畏精神闯到底。

孤独是一种境界

傍晚时分，一匹久经沙场的头狼蹲在山冈上静静地看着即将落山的太阳，它的眼中没有悲伤，没有惊喜，没有失落，也没有亢奋。此刻，它也许在思考，也许在回忆往事。它不止一次地在这个时间这个地点自己面对着世界，它享受着这样的孤独。不仅仅是头狼，很多狼都会给自己留点时间去享受孤独。我们无法走近狼的内心世界，但我们知道，这是一个强者平静的内心最真实的写照。

跟狼比起来，很多人对待孤独的态度却迥然不同。很多时候，我们情绪低沉，郁郁寡欢，有人会因此向别人抱怨说自己陷入了寂寞和孤独。其实了解了孤独的真正涵义以后，我们就会发现，所谓的情绪低沉、郁郁寡欢，不过是无病呻吟式的郁闷，是永远不会也不可能和孤独等同的。

多数人把孤独视为生命的苦境，但是请试着回顾人类历史的长河，试问哪一位天才人物不是孤独的呢？

人在小的时候，会因为孤独无靠而害怕，认为那是一种残酷的惩罚。即使长大以后，人们也经常把孤独的状态归为不幸的原因。但是，我们想到过吗？由于亲友离去而意识到自己孤单地存在着，对比别人的方式而感到自己不同于他们，这不正是我们个体意识茁壮成长的标记吗？当我们投入芸芸众生之中的时候，能意识到自己是独立的人，具有与众不同的性格和风骨，这是多么难能可贵的幸运！

小时候，他很孤独，因为没人陪他玩。他喜欢上画画，经常一个人在家涂鸦。稍大一点，他便用粉笔在灰墙上画小人、火车还有房子。从上小学开始，他就感觉自己和别人不一样。"别人说，这个孩子清高。其实，我跟别人玩的时候，总觉得有两个我，一个在玩，一个在旁边冷静地看着。"他喜欢画画和看书，想着长大后做名画家。

高考完填志愿时，父母对他的艺术梦坚决反对。他不争，朝父母丢下一句：如果理工科能画画他就念。本来只是任性的推托，未曾想父母真找到了个可以画画的专业，叫"建筑系"。

建筑师是干吗的？当时别说他不知道，全中国也没几个人知道。建筑系在1977年恢复，他上南京工学院（东南大学）时是1981年，不只是建筑系，"文革"结束大学复课，社会正处于一个如饥似渴的青春期氛围。他说，当时的校长是钱锺书堂弟钱钟韩，曾在欧洲游学六七年，辗转四五个学校，没拿学位就回来了，钱钟韩曾对他说："别迷信老师，要自学。如果你用功连读三天书，会发现老师根本没备课，直接问几个问题就能让老师下不来台。"

于是到了大二，他开始翘课，常常泡在图书馆里看书，中西哲学、艺术论、历史人文……看得昏天黑地。回想起那个时候，他说："刚刚改革开放，大家都对外面的世界有着强烈的求知欲。"

毕业后，他进入浙江美院，本想做建筑教育一类的事情，但发现艺术界对建筑一无所知。为了混口饭吃，他在浙江美院下属的公司上班，二十七八岁结婚，生活静好。不过他总觉得不自由，另一个他又在那里观望着，目光冷冽。熬了几年，他终于选择辞职。

接下来的十年里，他周围的那些建筑师们都成了巨富，而他似乎与建筑设计绝缘了，过起了归隐生活，整天泡在工地上和工匠们一起从事体力劳动，在西湖边晃荡、喝茶、看书、访问朋友。

在孤独中，他没有放弃对建筑的思考。不鼓励拆迁、不愿意在老房子上"修旧如新"、不喜欢地标性建筑、几乎不做商业项目，在乡村快速城市化、建筑设计产业化的中国，他始终与潮流保持一定的距离，这使他备受争议，更让他独树一帜，也让他的另类成为伟大。

虽然对传统建筑的偏爱曾让他一度曲高和寡，但他坚守自己的理想。"我要一个人默默行走，看看能够走多远。"基于这种想法，过去八年，从五散房到宁波博物馆以及杭州南宋御街的改造，他都在"另类坚持"，"我的原则是改造后，建筑会对你微笑。"

他叫王澍，今年49岁，是中国美术学院建筑艺术学院院长。

2012年5月25日下午，普利兹克奖颁奖典礼在人民大会堂举行，王澍登上领奖台。这个分量等同于"诺贝尔"和"奥斯卡"的国际建筑奖项，第一次落在了中国人手中。

"我得谢谢那些年的孤独时光。"谈起成功的秘诀，王澍说，幼年时因为孤独，培养了画画的兴趣，以及对建筑的一种懵懂概念；毕业后因为孤独，能够静下心来思考，以后的很多设计灵感都来源于那个时期。

尽管张楚在歌中唱道："孤独的人是可耻的，生命像鲜花一样绽开，我们不能让自己枯萎。"但我们也不能忘记另外一句话："真正优秀的人一定觉得自己是孤独的，他们也清醒地认识到自己的优秀来源于一份孤独。"

一篇哲思短语中是这样解释孤独的：一颗优秀的灵魂，即使永远孤独，永远无人理解，也仍然能从自身的充实中得到一种满足，它在一定意义上是自足的；一颗平庸的灵魂，并无值得别人理解的内涵，因而也不会感到真正的孤独。相反，一个人对于人生和世界有真正独特的感受，真正独创的思想，必定渴望理解，可是必定不容易被理解，于是孤独产生了。值得庆祝的是，最孤独的心灵，往往蕴藏着最热烈的爱，而且把爱由指定性的爱几个人升华为热爱人生，忘我地探索人生真谛，在真理的险峰上越攀越高，同伴越来越少，直至最后成为屹立于天地间的孤绝。

事实上，孤独感是一种贵族化的情绪，不是庸庸碌碌的人所能拥有的。它是上天的赐福，是一种幸运。如果总是感到自己与别人的距离，特别是当你处在距离的前端，由此无人能与你进行直达内心世界的攀谈时，毫无疑问，你会孤独，但你却是优秀的。

大凡历史上的发明家，革命性的政治家，还有开拓性的实业家，都是内心深处的孤独者。他们大多在孩提时代就有深深的孤独感，并且在孤独中思索创造；他们从不四处申诉求告寻求理解，因为他们深知能够被人理解当然是幸运的，但不被理解也未必就是天大的不幸。只有庸人才把自己的价值寄托在他人的理解上面，那样的人以及那样的人生往往并没有太大的价值。

生与孤独为伴的哲学之父、后精神分析大师克尔恺郭尔，也是善于发现自己的人。他在世时，整个世界都不理解他，甚至敌视和厌弃他。他一方面向整个世界的虚伪和庸俗宣战，一方面回到自己内心，不厌其烦地同自己谈话。

他在短短的一生中写了1万多页日记，也就是说，他几乎天天在同自己谈话。然而，正是这个"真正的自修者"，这个与人类社会格格不入的"例外者"充满绝望和激情的自我倾诉，很多年后成为震撼人类精神的伟大启示。

伟大的诗人都善于发现自己。因为只有善于发现自己，这些诗才更具真实性，更有穿透事物的尖锐性。

请看里尔克的作品是怎样写出来的："不和任何人见面，除了对自己的内心说话之外，绝不开口——这的确是我立下的誓言。"

所谓"对自己的内心说话"，就是写诗，换一种说法，写诗就是诗人同自己谈话的一种方式。在同自己谈话的过程中，诗人把在自己的生命冲突中体验到的种种图像精确地呈现出来，从而让我们看到了生存的心境、灵魂的锯齿、信念的血痕以及万物的疼痛。

诗人的声音必然是可靠的、真实的，摒除了所有虚伪、怯懦、狂妄和矫揉造作。世界上最感人的作品往往是作者的内心独白。比如里尔克的《杜伊诺哀歌》、卡夫卡的《城堡》和《变形记》、普鲁斯特的《追忆逝水年华》、西蒙娜·薇依的《书简》……

拥有好心态的人既不怕寂寞也不怕孤独，因为寂寞是一种情绪，孤独是一种境界。人没有理由怕情绪，同样没有理由怕境界。所以睿智的人不屑于寂寞，但却懂得欣赏孤独，因为，成大业者多孤独。

咬定青山不放松也是一种忍耐

狼的这种耐性精神就是这种咬定青山不放松式的恒定。

意志的忍耐性能发出神奇的功效。在别人都已停止前进时，你仍然坚持着；在别人都已失望放弃时，你仍然进行着，这是需要相当的勇气的。使你得到比别人更高的位置、较多工资，使你超乎寻常的，正是这种坚持、忍耐的能力，不因喜怒好恶改变行动的能力。

忍耐的精神与态度，是很多商人取得成功的一大关键。行销产品时，不管对方的人怎样傲慢无礼，也不要愤怒而去，这种商人才能得到胜利。一次行销不成，两次、三次、四次，最后，对方不但要钦佩他的勇气与决心，而且还会感到他的忍耐与诚恳的精神而成全了他，照顾他的生意。

在商界中，做最多的便是生意，有较多的主顾，行销最多的商品的，只是那种不灰心、能忍耐，不在回答中说出"不"字来的人，那种有忍耐的精神、谦和的礼貌，足以使别人感到难拂其意、难违其情的人。受到刺激后就不能忍耐的人，是不会有大成就。

人的天性，对于各商家的行销员总是有些不欢迎；能打发他走，就总是想方设法地打发他走。但当他们遇到了一个有忍耐精神、谦和态度的人，事情就变得不同了。他们知道，有忍耐精神的行销员是不容易打发走的；他们往往因钦佩那个行销员的忍耐精神，因而承购了那个行销员的商品。

有谦和、愉快、礼貌、诚恳的态度，而同时又加上有忍耐精神的人，是比较幸运的。

做我们所高兴的事，做我们所喜欢的而感到热忱的事，这是非常容易的。但是要全神贯注地去做那种不快的、讨厌的、为我们的内心所反对的，而同时又因别人的缘故不得不去做的事，这时是需要勇气，需要耐性的。

订下了一个固定的目标之后，便要集中全部的精力去实现那目标。这种能力，最能获得他人的钦佩与尊敬。你树立了有毅力、有决心、有忍耐的名誉，世界上就不怕没有你的职位，但是，假使你显示出一些意志不坚定与不能忍耐的态度，别人就会明白，你是白铁，不是纯钢；他们会瞧不起你，你会失败。

不知道你是否听过桑德斯上校的故事？他是"肯德基炸鸡"连锁店的创办人，你又知道他是怎样建立起这么成功的事业吗？

难道是因为他生在富豪家、念过像哈佛这样著名的高等学府，抑或是在很年轻时便投身于这门事业上？你认为是哪一个呢？上述的答案通通不是，事实上桑德斯上校于年龄高达65岁时才开始从事这个事业，那么又是什么原因使他终于拿出行动来呢？

因为他身无分文且孑然一身，当他拿到一生以来第一张救济金支票时，金额只有105美元，内心实在是很沮丧。他不怪这个社会，也未写信去骂国会，仅是心平气和地自问这句话："到底我对人们能作些什么贡献呢？我用什么来回馈人们呢？"

而后他便思量起自己的所有，试图找出可为之处。头一个浮上他心头的答案是："很好，我拥有一份人人都会喜欢的炸鸡秘方，不知道餐馆要不要？我这样是否划算呢？"

随即他又想到:"要是我不但只卖这份炸鸡秘方,同时还教会他们怎样才能炸得最好,这会怎么样呢?如果餐馆的生意因此而提升的话,那又该如何呢?如果上门的顾客增加,且指名要点用炸鸡,或许餐馆会让我从其中抽成也说不定。"

好主意固然人人都会有,但桑德斯上校就跟很多人不一样,他不但会想,且还知道怎样付诸行动。随之他便开始挨家挨户地敲门,把想法告诉每一家餐馆:"我有一份上好的炸鸡秘方,如果你能采用,相信生意一定能够提升,而我希望能从增加的营业额中抽成。"

许多人都当面嘲笑他:"得了罢,老家伙,若是真有那么好的秘方,你怎么还穿着这么可笑的白色服装?"这些话是否让桑德斯上校打退堂鼓呢?丝毫没有,因为他还拥有天字第一号的成功秘方,我称其为"能力法则",意思是指"不懈地拿出行动":在你每当做什么事时,必得从其中好好学习,找出下次能做得更好的方法。桑德斯上校确实奉行了这条法则,从不为前一家餐馆的拒绝而懊恼,反倒用心改正说法,以更有效的方法去说服下一家餐馆。

桑德斯上校的点子到最后还是被接受了,你可知先前被拒绝了多少次吗?整整1009次之后,他才听到了第一声"同意"。在过去两年时间里,他驾着自己那辆又旧又破的老爷车,足迹遍及美国每一个角落。困了就和衣睡在后座,醒来逢人便诉说他那些点子。

在历经1009次的拒绝,整整两年的时间,会有多少人还能够锲而不舍地继续下去呢?真是少之又少了,也无怪乎世上只有一位桑德斯上校。我相信很难有几个人能受得了20次的拒绝,更遑论被拒绝一百次或一千次,然而这也就是成功的可贵之处。

如果你好好审视历史上那些成大功、立大业的人物，就会发现他们都有一个相同点：不轻易为"拒绝"所打败而退却，不达成他们的理想、目标、心愿就绝不罢休。迪斯尼为了实现建立"地球最欢乐之地"的美梦，四处向银行融资，可是被拒绝了302次之多，每一家银行都认为他的想法特别的怪异。

其实并不然，他有远见，最为重要的是他有实现梦想的决心。今天，每年有上百万游客享受到前所未有的"迪斯尼欢乐"，这全都出于一个人的决心。没有忍耐精神，就不能成就大的事业。懦弱、意志不坚定、不能忍耐的人，不能得到他人的信任与钦佩。只有积极的、意志坚强的人，才能得到人家的信任；而要是没有别人的信任，则事业的成功是很难期待的。

在世界上意志坚定的人不怕找不到属于自己的位置。人人都相信百折不回、能坚持、能忍耐的人。意志的忍耐性能生出信用来。如果你能够不管情形如何，总坚持着你的意志，总能忍耐着，则你已经具备了"成功"的要素了。

失败是通往成功的桥梁，人生从来不是一帆风顺的，只有那些坚持不懈的人，才能得到很大的奖赏。跌倒了，就要再爬起来，继续往前，迈一步，迈一步，再迈一步，只要你能坚忍不拔，勇往直前，那你就肯定会成功的，还能成就辉煌。

凡事要想明白了再动手

在大型的食肉类动物当中，狼的捕猎成功率是首屈一指的，之所以有这样显赫的成绩，是因为狼的每一次行动都是深思熟虑的结果。它们不会贸然行事，更不会意气用事。它们理智的大脑会给它们一个最佳的行动方案，如果没有最佳的行动方案，它们宁可静观其变。

凡事想明白了再去做，一方面可以提高成功率，另一方面也可以避免一些不必要的损失。

明嘉靖时，奸臣严嵩得皇帝宠信，权势熏天，在朝中对不顺从他的大臣横加迫害，很多人敢怒不敢言，许多有志之士更是把推翻严嵩当作目标。

当时严嵩任内阁首辅大学士，而徐阶为内阁大学士，他在朝中很有名望，严嵩曾多次设计陷害他。徐阶装聋作哑，从不与严嵩发生争执，徐阶的家人忍耐不住，对徐阶说："你也是朝中重臣，严嵩三番五次害你，你只知退让，这未免太胆小了。这样下去，终有一天他会害死你的。你应当揭发他的罪行，向皇上申诉啊。"

徐阶说："现在皇上正宠信严嵩，对他言听计从，又怎么会听信我的话呢？如果我现在控告严嵩，不仅扳不倒他，反而会害了自己，连累家人，此事绝不可鲁莽！"

严嵩为了整治徐阶，就指使儿子严世藩对徐阶无礼，想激怒他，自己好趁机寻事。一次，严世藩当着文武百官的面羞辱徐阶，徐阶竟是没有一点怒色，还不断给严世藩赔礼道歉。有人为徐阶打抱不平，要弹劾严嵩，徐阶连忙阻止，他说："都是我的错，我惭愧还来不及，与他人何干呢？严世藩能指出我的过失，这是为我好，你是误会他了。"

徐阶在表面上对严嵩十分恭顺，他甚至把自己的孙女嫁给严嵩的孙子，以取信严嵩。嘉靖四十一年（公元 1562 年），邹应龙告发严嵩父子，皇帝逮捕严世藩，勒令严嵩退休。徐阶亲自到府安慰，使得严嵩深受感动，叩头致谢。严世藩也同妻子乞求徐阶为他们在皇上面前说情，徐阶满口答应下来。

徐阶回家后，他的儿子徐番迷惑不解，说："严嵩父子已经获罪下台，父亲应该站出来指证他们了。父亲受了这么多年委屈，难道都忘了吗？"

徐佯装生气，骂道："没有严家就没我的今天，现在严家有难，我负心报怨，会被人耻笑的！"严嵩派人探听到这一情况，信以为真。

严嵩已去职，徐阶还不断写信慰问。严世藩也说："徐老对我们没有坏心。"殊不知，徐阶只是看皇上对严嵩还存有眷恋，且皇上又是个反复无常的人，严嵩的爪牙在四处活动，时机还不成熟。他悄悄告诉儿子："严嵩受宠多年，皇上做事又喜好反复，万一事情有变，我这样做也能有个退路。我不敢疏忽大意，因为此事关系着许多人的生死，还是看情况再做定夺的好。"

等到严世藩谋反事发，徐阶密谋起草奏章，抓住严嵩父子要害，告严嵩父子通倭想当皇帝，才使得皇上痛下决心，除掉严嵩父子。

没有十足的把握就不动手，徐阶的做法可谓谨慎有加。正因为他能忍辱负重，示敌以弱，才能在严嵩的步步紧逼下化险为夷，最后抓住机会一举歼敌。

很多人都把"做了再说"当作行动时的座右铭，这个做法让你在行动时很潇洒，行动之后却要饱尝悔恨、无奈之苦。比如故事中这个儿子，便因为没有给自己留思考时间，急于行动而失去了大利。

人生有很多选择，都是在想到就做的情况下出错的，因此，在行动前给自己一点时间做最后的检查、比较和判断，也许你会发现新的盲点。

行动比思维快，往往将导致一团混乱，而愚蠢的行为也大多是在想到就做的习惯下产生的。你应该明白，一旦你做出实际行动，那么事情就很难挽回了，所以行动之前还是静下心来，多思量一下，免得让自己后悔。

狼道密说七：

失败不可怕，卷土才会重来

再优秀的智者也会有百密一疏的时候，失败总是难免的。就像狼群捕猎，它们也并不是每次都会得手，有时耗费了大量的时间和体力之后却是空手而归。但是狼在遇到挫折和失败时，不是从此洗手不干，而是积极地总结经验教训，找到失败原因，然后以最快的速度卷土重来。越是逆境越不言败，这就是狼道法则之坚韧精神。

人倒了，精神也不能倒

狼的生存环境是残酷的，但是不管遇到怎样的挑战，任何一匹狼都不会在精神状态上出现消极失落的情况。相反，越是严峻的挑战就越能激发它们的斗志。狼之所以能称霸草原上百万年，强大的精神力量大概也是其中一个重要原因。

狼的生存需要精神力量，做人更需要精神力量。在面临巨大打击和失落的心理落差时，精神的力量是非常重要的。要把眼前的不幸当作一个新的起点，人在厄运面前仍然可以昂首向前，只要你精神不倒，厄运终会在你面前跌倒，而成功才会出现。生存的境界往往在你最困难的时候才会体现得淋漓尽致。春风得意时谁都可以昂首阔步，但厄运来临时可以昂首阔步的人才是真正的勇士。

一条小巷，一个女人，一小罐煤气，一张简单的操作平台，凑成了一道独特的风景。

她只卖三样小炒：尖椒肉丝，尖椒牛柳，尖椒炒鸡蛋，菜式单一，顾客却不少。

她很干净，每过一会就会换一下围裙，换一下袖套；她很雅致，每卖一份小炒，就在装菜的快餐盒里放上一朵自己雕刻的萝卜花。"这样装在盒子里的，才好看。"她说。

也许是冲着她的小摊干净，也许是冲着雅致的萝卜花，也许是冲着她长得好看，每到饭点，她的摊前都围满了人，6~10元一份的小炒，大家都耐心地等待着。女人娴熟地翻炒着，那样子就像一个贤惠的家庭主妇，整个过程都让人感到亲切和美丽。于是，一朵一朵素雅的萝卜花，就开到了人们的饭桌上。

女人是个有故事的人。她曾经有个富裕的家，老公在市中心的繁华街段开了一间商铺，生意很是不错，她原本的工作就是相夫教子，闲时和姐妹们逛逛街、旅旅游，生活的轻松而惬意。然而很不幸，她的老公因为酒后驾驶出了事故，医院当场就下了病危通知。女人几乎倾尽所有，赔人家的钱，救自己的老公，最终也只是捡回了男人的半条命——他截肢了。

生活从此一贫如洗。年幼的孩子，瘫痪的男人，女人得一肩扛一个。有人曾劝女人带着孩子离开，这话就连她的老公也曾说过，她很认真地告诉他们，不要再说这样的话，无情无义的事情她做不到。

她不能出去工作，因为朝九晚五的制度让她无法照顾老公和孩子。她长得美丽，有人曾想让她做情人，她严词拒绝了。但一家人总不能就这样活活饿死吧。想了又想，她决定摆摊卖小炒，虽然会很累，虽然会让熟人看不起，但只要中午和傍晚两个饭点出来就可以了，她有更多的时间照顾家里那不能自理的两个人。

老公说，街上那么多家饭店，你这家庭主妇的手艺能卖得出去吗？女人一想，也是，总得有个让人记着的卖点吧？于是她想到了萝卜花，她从小手就巧，以前生活清闲，有大把的时间布置一顿雅致的晚餐，她总喜欢雕萝卜花做装饰。一根根再普通不过的胡萝卜、"心里美"萝卜，到了她的手里，就能开出一朵朵美丽的小花。女人为自己的这个小"创意"，暗自欣喜了一番。

就这样，她的小摊子摆开了，而且很快成了这条街上的一道独特风景。街上的人如果不愿意做菜，自然而然就会想到她的萝卜花。她的生意就这样慢慢红火起来了。有人开玩笑地问女人，这么好的生意，攒了不少钱吧？她笑而不答。

不到两年的光景，女人竟出人意料地盘下了一家临街的饭店，用她积攒的钱。她在后厨配菜，她的瘫痪男人则在前台管账。她还是那样干净、雅致，所有的菜肴里依然会放上一朵她雕刻的萝卜花。

"菜不但是吃的，也是用来看的。"她说，眼波明亮，流光溢彩。一旁的男人，气色也好，丝毫不见颓废的样子。

女人的饭店，也渐渐出了名，提起萝卜花，大家都知道。

生活也许会让你陷入孤苦无助的低谷，但如果你能用自己的双肩把生活的苦扛起来，低谷中也能盛开美丽的萝卜花。

其实，做人应该这样：当无事时，应像有事时那样谨慎；当有事时，应像无事时那样镇静。因为在漫长的旅途中，实在是难以完全避免崎岖和坎坷。

只要出现了一个结局，不管这结局是胜还是败，是幸运还是厄运，客观上都是一个崭新的从头再来的机会。

"我要扼住命运的咽喉，它绝不能随意摆布我。"贝多芬的声音在耳边回绕，正是对命运的不屈，成就了音乐史上这个伟大的人物。我们的心中，是否也有这样的呐喊？

成功需要勇气

有经验的老猎手都知道，狼群中的头狼最难对付。因为它们不仅身经百战，更重要的是它们遭遇的失败最多。失败给了它们丰富的实战经验，更赋予它们百折不挠，勇往直前、坚忍不拔的强者精神。换句话说，就是挫折造就了头狼在狼群中的成功的领导地位。

生活中渴望成功的人很多，对于这些人来说他们并不是没有机会，也并不是没有资本，他们缺乏的往往就是成功最需要的意志力。他们对于一些人生必经之磨难和困苦往往缺乏坚韧的精神，因此他们输掉了人生、输掉了世界。人生下来注定要同困难打交道的，或是困难吞没懦夫，或是强者征服困难。生活中会遇到各种困难和烦恼，如果你不能摆脱它，那它总是如影随形，来左右你的生活，使你不能从过去失败的阴影中走出来，去迎接美好的明天。因为，生活中我们遇到的每一个困难和不如意都是一种经历，我们可以从这种经历中提炼经验，使自己成熟起来。

"困难像弹簧，你弱它就强。"著名诗人里尔克也曾经说过："有何胜利可言，挺住便是一切"，是的"挺住"便能拥有一切——人生就好比一场拳击比赛，充满了躲闪与出拳。如果足够幸运，只需一次机会、一记重拳而已，但首要的条件是你必须得顽强地站着，这就是"挺住"精神。那些渴望成功而又意志力薄弱的人应该时刻对自己说："无论如何，我都要挺住！"特别是在面对人生的困境时。

戴高乐曾经说过："挫折，特别吸引坚强的人。因为他只有在拥抱挫折时，才会真正认识自己。"

许多人曾说过这样的话:"为了成功,我尝试了不下上千次,可就是不见成效。"真的是这样吗?别说他们没有试上 100 次,即便是试上 10 次都颇令人怀疑。或许有些人曾试过 8 次、9 次,乃至 10 次,但因为没有看到效果,结果就放弃了再试的念头。然而,谁又能说,下一次尝试就不能有收获了?如果你真的具有敢去尝试的心态,坚持下去,你就一定可以成功。这项心态法则适用于各种失败场合。

从某个角度来说,你的失败是因为你要获得成功的条件还有欠缺,还需要更多的东西,更多的努力。这个原理可用来说明我们的问题。重要的是,你该把所有必要的部分加到整体上去。欧几里得就曾说过:"整体的东西等于所有各部分的总和,而大于任何一部分。"

李安 26 岁时,决定去美国电影学院学习,但是父亲坚决反对这件事并对他说:纽约百老汇每年有几万人去争几个角色,电影这条路根本行不通。他丝毫未动摇,义无反顾地漂洋过海去了美国。离开时,他只是一个羞涩、腼腆的青年,而如今呢?

作为一个男人,在毕业后的整整六年时间里,他不但没有工作,反而待在家里做饭带小孩。为此,他的岳父岳母非常生气,于是委婉地对自己的女儿说:"整天无所事事,我们不如资助你丈夫一笔钱,让他开个餐馆。"他自知如果一直这样拖下去,最终将一事无成,但也不愿拿别人的钱来开展自己的事业。于是,他决定去社区大学上计算机课,争取找一份安稳的工作。他怕妻子知道这件事,一个人悄悄地去社区大学报名。一天下午,他的妻子在收拾衣物时,无意间发现了他的计算机课程表。她并不高兴,反而顺手把这个课程表撕掉了,并对他说:"你一定要坚持你的理想。"

有这样一位明事理的妻子，李安感到十分高兴，因此他放弃了学习计算机。

六年后，当李安带着自己第一部独立执导的电影《推手》闯进人们的视野时，人们看到的不是初出茅庐的青涩，而是《推手》中稳健而独立的关于中西文化碰撞的观点。这就是获得奥斯卡最佳导演奖的华人李安。

通常成功之路并非一帆风顺，有失才有得，只要我们拥有积极的心态去努力拼一拼，就不会被挫折打倒了。其实，谁都有面临困难与逆境的时候，关键是看我们怎样处理。有些人在逆境中永远消极，做一个永远的失败者；而有些人却能够积极地面对逆境，冲出重围，走向成功。

既然逆境是不能避免的，那就让我们从逆境中找到前进的动力，让这股动力将我们推向成功。我们应该将逆境看作是成功的预兆、成功的垫脚石。让我们牢牢记住一位西方哲学家说的一句话："困难与挫折其实是上天故意安排来考验我们的，其实，它就是成功的化身。成功与失败把握在我们自己手中。"

像恭候成功那样恭候失败

狼也许算得上捕猎效率最高的动物了。但它们捕猎失败的概率仍然很高，大约为90%。这个数据是对许多狼群进行观察后，计算出的平均数据。可以想象得到，那些没有经验的幼狼，那些衰老的狼，失败的概率会更高。

对于狼来说，失败就像家常便饭，正是一次次失败的历练成就了所向披靡的狼道法则。

对于人来说，失败和成功具有同样重要的意义。

失败和成功一样，是我们每个人生命中必然具备的一部分。失败只不过是暂时的挫折，它是通往成功大道的一级石阶。它告诉我们的是某些方法已经行不通了，而某些方法还没有尝试过，所以，我们要像恭候成功那样恭候失败。

在克服失败的旅途中，我们不仅时时受到外界的压迫，而且还时时受到自身的挑战。我们认为自己无法抵挡困难，我们不是被对手击倒的，而是被自己打败了。

有一位朋友，刚刚升职一个多月，办公室的椅子还没坐热，就因为工作失误被裁了下来，雪上加霜的是，与他相恋了五年的女友在这时也背叛了他，跟着一个土豪走了。事业、爱情的双失意令他痛不欲生，万念俱灰的他爬上了以前和女友经常散步的山。

一切都是那么熟悉，又是那么陌生。曾经的山盟海誓依稀还在耳边，只是风景依旧，物是人非。他站在半山腰的一个悬崖边，往事如潮水般涌上心头，"活着还有什么意思呢？"他想，"不如就这样跳下去，反倒一了百了。"

他还想看看曾经看过的斜阳和远处即将靠岸的船只，可是抬眼看去，除了冰冷的峭壁，就是阴森的峡谷，往日一切美好的景色全然不见。忽然间又是狂风大作，乌云从远处逐渐蔓延过来，似乎一场大雨即将来临。他给生命留了一个机会，他在心里想"如果不下雨，就好好活着，如果下雨就了此余生。"

就在他闷闷地抽烟等待时，一位精神矍铄的老人走了过来，拍拍他的肩膀说："小伙子，半山腰有什么好看的？再上一级，说不定就有好景色。"老人的话让他再也抑制不住即将决堤的泪水，他毫无保留地诉说了自己的痛苦遭遇。这时，雨下了起来，他觉得这就是天意，于是不言不语，缓缓向悬崖走去。老人一把拉住了他，"走，我们再上一级，到山顶上你再跳也不迟。"

奇怪的是，在山顶他看到了截然不同的景色。远方的船夫顶着风雨引吭高歌，扬帆归岸。尽管风浪使小船摇摆不定，行进缓慢，但船夫们却精神抖擞，一声比一声有力。雨停了，风息了，远处的夕阳火一样地燃烧着，晚霞鲜艳地如同一面战旗，一切显得那么生机勃勃。他自己也感到奇怪，仅仅一级之差，一眼之别，却是两个不同的世界。

他的心情被眼前的图画渲染得明朗起来。老人说："看见了吗？绝望时，你站在下面，山腰在下雨，能看到的只是头顶沉重的乌云和眼前冰冷的峭壁，而换了个高度和不同的位置后，山顶上却风清日丽，另一番充满希望的景象。一级之差就是两个世界，一念之差也是两个世界。孩子，记住，在人生的苦难面前，你笑世界不一定笑，但你哭脚下肯定是泪水。"

几年以后，他有了自己的文化传播公司。他的办公室里一直悬挂着一幅山水画，背景是一老一少坐在山顶手指远方，那里有晚霞夕阳和逆风归航的船只。题款为："再上一级，高看一眼"。

无论做何事都要具备一个"正确的心态"。决定我们的成功与失败，心态占 80%，其他的占 20%。世界上没有不好的人，只有不好的观念。做事取决于自己的心态，人生的辉煌始于观念的转变。人与人之间的差异很小，为什么有的人取得成功，有的人默默无闻呢？原因就在于心态。你的价值观决定你的思想，你的思想决定你的行动，你的行动决定结果，也就是你的命运。拥有正确价值观的人乐观面对社会，敢拼敢搏，遇到困难勇敢地去解决，相信自己能够办到，于是一直往前冲。反之，消极的人挑简单的事去做，遇到困难就逃避。积极的人能够控制情绪，消极的人整天被情绪所控制，整天唉声叹气，脸上没有一点笑容，好像人人都欠他似的，身边的朋友越来越少，敌人越来越多，最后走向失败。

理性地看待失败

在看不到边的草原上，有 5 只迷途的狼吃力地行走着，它们与狼群走散了，前路一片茫茫，它们只能凭着最有经验的那只老狼的感觉往前走。不一会儿，从它们的右侧方向走出 1 只精疲力竭的狼，原来它是一周前就走散的那匹狼。另外 4 只狼轻蔑地说："看样子它也不是很精明啊，还不如我们呢！"

"是啊，是啊，别理它！免得拖累咱们！"

"咱们就装着没看见，它对咱们可没有什么帮助！"

"看那灰头土脸的样子……"

这4只狼你一言我一语，都想避开路遇的这只狼。

那只老狼终于开腔了："它对我们会很有帮助的！"

老狼热情地招呼那只落魄的狼过来，对它说道："虽然你也迷路了，境遇比我们好不到哪里去，但是我相信你知道往哪个方向是错误的。这就足够了，和我们一起上路吧！有你的帮助我们会成功的！"

我们当然可以嘲笑别人的失败；但如果我们能从别人的失误中提取机遇，从别人的失败中学习经验，那最好不过了。把别人的失败当成对自己的大声忠告，这是非常有利于自己的成长的。

遭遇拒绝、遭遇失败是人之常情，世上并没有常胜不败的将军。遭遇拒绝、遭遇失败的原因无非是自己还有缺陷，谁不希望得到完美的东西而会去希求有缺陷的东西呢？当然世上也不可能有毫无缺陷的东西，但是我们应尽量地完善自己，把自己完善到足以让人接受、使人认同的程度。这样，即使遇到困难也能克服，遇到关卡也能越过，也就不至于在遇到挫折时使自己陷入困境不能自拔了。

因此，要想让别人接受你、赞许你，要想成功，你就不能害怕困难和挫折，不能害怕别人的拒绝。相反，你要把拒绝当作你的励志之石，当成你不断完善，走向成功的动力。但是，在现实生活中并非所有的人都懂得这些道理。因此，他们在遇到困难挫折时就会采取完全不同的态度。

一家实力雄厚的公司开发了一个新产品，为了占领市场，它们招收了一批推销员。为了培训推销员，营销经理先对这批推销员传授了营销技巧并进行了心理培训。然后，营销经理带着这批推销员到大街上去销售产品。开始的时候，这批推销员个个信心百倍，结果一天下来，却很少有人卖出产品，营销经理告诉他们这就是他们每天要做的工作。于是，接下来有一些人就退出了营销队伍，留下来的人则分成两种。

一种人凭着一腔热血，勇往直前，但业绩很不乐观。另一种人则不断反思，调整自己的营销策略，销售业绩直线上升。

这些推销员无论走掉的还是留下来的都经过了程度不同的失败和打击。他们所选择的工作，即在一个新兴的市场推广这一陌生的产品，要让顾客认同一个新的产品并且愿意花钱购买，难度本身就很大。况且，由于他们销售的产品技术含量较同类传统型产品高出很多，所以产品价格相对较高，这就使得销售工作更是难上加难。

因此，这批推销员遭遇困难和挫折是预料中的事。但是，由于他们对困难挫折的认同理念不同，因而在面对失败时就分成了三种不同类型的人。

第一种人，即那些初遇困难就退出了营销队伍的人。他们在遭受了打击之后，就一蹶不振，成为遇到一次困难就被击败的懦夫。这种人最容易身陷困境，因为他们连一个人生的关卡都不能越过，所以将永远与成功无缘。

第二种人，即那些只凭着一腔热血猛冲猛拼而根本不反思失败原因的人。此类人乃有勇无谋之人。这种人或许凭着一时的拼劲能取得一点成功，但成功的代价却非常昂贵。因为，这种人在面对失败时用的是自己的肉体和头颅而不是用头脑，所以，他们只能被失败碰得头破血流。当他们的血流完了的时候，也就在成功的道路上消失了。这种人陷入困境的概率同样远远高于成功的概率。

第三种人，即那些在遭遇挫折失败时能不断地磨炼自己、调整自己，能找到战胜困难的最佳攻击点的人。这种人成功的概率最大，他们很少会被困境所困，即使有时被困也能通过自身的力量把自己从困境中解救出来。因为，他们与前两种人相比，是智勇双全的人。他们善于运用自己的头脑找到战胜困难的最佳办法，并且还有顽强地战胜困难的品质。所以，他们在遭遇困难时不但能战胜困难，并且能以最小的代价战胜困难，在战胜困难后还保存着相当的实力，有了实力也就意味着还有前进的动力，有了动力就能战胜一个又一个的困难，一步一步逼近成功，直至登上成功的巅峰。

三种人针对困难挫折所采取的不同态度造成了他们人生结局的重大区别。其实，他们所遇到的困难都只是暂时的困难而已。而暂时的困难或一两次的困难并不能决定一个人的一生。

无数的成功者都是经历了无数的失败才摘取了成功果实的。

可以说，在困难面前没有失败就没有成功，失败是成功之母！只遭遇一次失败就失去信念，就不去挑战困难，实际上就等于放弃了人生成功的机会，殊不知机会就隐藏在失败背后。你战胜的困难越多，你人生成功的机会也就越多。这就如同淘金一样，淘掉的沙子越多，得到的金子也就越多。沙子的多少与金子的多少是成正比的，失败与成功的关系就如同沙子与金子的关系。

再让我们看一看在遭遇失败后，那些往后退缩的人都损失了些什么。从前面所举的营销的例子可以看出，那些人只不过是多走了些路、多说了些话而已，他们虽然没有把产品卖出去，但产品仍在他们手中，他们的产品并没有因此而贬值或有什么损失。

如果要说有损失的话，那最大的损失当然莫过于他们失掉了人生最可宝贵的机会。因为，在销售产品时，第一个人不要不等于第二个人不要，第二个人不要不等于第三个人不要，那么为什么要放弃机会，而不去试着把产品介绍给第二个人、第三个人甚至更多的人呢？难道真的指望天上掉馅饼吗？可这些人却不见得会这样看问题，他们会觉得碰钉子遭人拒绝很难为情，很没面子，岂不知面子是争取来的，任何时候，一个人不占有足够的社会财富就根本谈不上面子。

第二种人固然勇气可嘉，他们也许懂得金子埋在沙中的道理，但他们只知道要淘掉沙子才能找到金子，却不知淘金也有很多技巧，还有事半功倍的办法。只知道一味地用蛮力，蛮力固然也有派上用场的时候，但蛮力并不能时时奏效。要知道人除了有力气之外还有大脑，大脑就是用来分析问题、解决问题的。所以，第二种人只要能够把自己的脑子用上，征服困难就会更容易一些，通往成功的路也会平坦一些。

最值得赞扬的人是第三种人，他们既不畏惧困难，还会用困难来磨炼自己，且敢于把困难像拔钉子一样拔掉；同时，他们还知道拔钉子时用一个杠杆更省力；更重要的是，他们在拔掉一颗钉子后，还能预见或避免钉子的再出现。所以，他们能在遭遇困难而失败时迅速地战胜困难，使自己更快地走向成功。

可见，要成功，首先不要畏惧困难，不要让困难把你的心态摧垮。其次，要成功还得正视困难，研究困难，从战胜困难中总结经验教训，通过困难磨炼自己的意志品格，练就一身战胜困难的本领。

最后请记住那匹老狼给你的忠告：失败和磨难有其自身的价值，就看你用什么样的心态对待它了，真正的强者虽然永不言败，但他们终会承认失败和磨难给自己所带来的积极的影响。

学会卷土重来

无可否认，坚持到底，不屈不挠是狼精神中最重要的组成部分。但是，并不是所有的事情都会通过一次的努力就有一个完美的结果的。当碰到一件"无论如何也不能完成的事情"时，狼会怎么办？——卷土重来，这是狼道法则给出的标准答案。

很多人之所以会失败缺乏的就是这种精神。

在一座魔鬼训练营里收容了各种各样的事业失败者，他们每天经受着各种严酷的体能、意志训练，以及看似非人性的体罚。他们不但要听一些成功学家的励志讲演，每天半夜以后还要被从床上轰起来，集体进入"成功殿堂"跪地大声忏悔和誓志。在这座殿堂中摆放着司马迁、勾践、苏武、吴承恩等先辈的塑像，也有林肯、卡耐基、拿破仑·希尔等的画像。他们所跪的并不是什么毡垫，而是一块块小小的鹅卵石。

这群人中有位叫单立的原房地产公司总裁。曾经辉煌的他，几年间赔光了亿万资产，还欠银行近两个亿的贷款。40几岁，头发全白。他几天里不说一句话，不思茶饭，只想一死了之。

无论朋友们想尽什么办法，都无法改变他的无动于衷。

一天夜里，外面大风夹着雷雨，呼啸之声恰似鬼哭狼嚎。单立熟睡中被两个蒙面人捂嘴套头挟持而去。

在野外的一棵大树下，他被几个大汉用绳索套住脖子，要实施"绞刑"。

一人郑重地对他来了一番"死前宣判"，历数他此前在经营管理上的罪行，什么"自恋狂"、"狂妄自大"、"一意孤行"、"自我崇拜"等等，另外，由于他的愚蠢给国家造成巨大损失却执意逃避，故"判处死刑，立即执行"。

单立见死到临头，陡然猛醒。他痛哭流涕，大声呼救，并跺脚发誓：一定重新振作起来，再创辉煌，还清国家贷款。

几人假意争执："杀，还是不杀"，似乎争执得很激烈。

单立一旁不停地保证、发誓、求饶。

最后，几人让他写一份"誓言书"才放了他，并告诫不准透露出半点风声，不可以报警，等等。

单立大难不死，悄悄溜回了家，躺在床上，暗暗庆幸不已。

第二天以后他变了个人似的乐观、积极，对未来充满了信心。

这时，朋友们在办公室大呼"成功"，因为他们极端的非常手法挽救了一个人——一个完全有可能再创成功的人才。

通过这个故事，可以说明这样一个道理：比失败更可怕的事多得很。当你看到那些"更可怕"的事情之后，失败对于你来说就会变得"无所谓"，大不了从头再来一回。

"失败"两字的后面，你有多种选择：

省略号（……）

暂告一段落，给自己留有余地。

破折号（——）

找出缘由"改邪归正"。

逗号（，）

这只是一个短暂的停顿，但不是结束。未完，待续。

无论你选择什么，你都绝不能在"失败"后面画句号，它等于你彻底认输，在"死亡判决书"上签下了自己的名字。

在这个世界上，没有人可以判定你的失败，除了你自己。

你若认为自己完蛋了，那便确实不可救药了。

只要你还有一口气在，起死回生就不是没有可能。

古今中外，不知有多少成功人士曾经从人生辉煌的巅峰一下子跌入谷底，在并不被人支持的情况下仍然不肯放弃努力，再次向那高高的顶点攀去。例如：香港亿万富豪杨受成几番磨难，不改初衷；英国前首相丘吉尔在被国民遗弃而落选的情况下，经过一番努力，再登首相宝座；摩托罗拉创始人保罗·高尔文一再失败之后，仍然能够再次奋起。

脆弱的人在遭到失败的打击后，往往一蹶不振，认定了自己不会成功。

而顽强的人却不会就此放弃，无论多么沉重的打击，他总是告诉自己，成功还有机会。只要坚持，下一次就是成功的开始。

很多人把成功的赌注压在了"零失败"上，失败对于他来说，就是事业与志向的终结，他没有胆量再做下一次的尝试。另外，还有一些人在经受了几次挫折之后，豪气冲天地提出个"最后一搏"的口号，他以为这样悲壮的努力必定成功。

但是"最后一搏"也不一定通向成功。而提出最后一搏的口号，不过是提前给自己铺好了退路，它的潜台词是：这是最后一次了，不成功就此放弃。

追求的道路何其漫长，成功之人，跌跌撞撞很难以次数计算。对于信念守恒者而言，努力不存在最后一次，只有下一次。

世界知名的演说顾问、女高音歌唱家、作家多罗茜·莎诺芙讲过自己一段很不幸的故事：

"离我开始做第一份工作还有几个礼拜，那份工作就是在圣路易市歌剧院做临时女替身，我感冒了，喉咙发炎。我很笨，竟然没有停止排练，结果喉炎就越发严重，最后就失声了。我只好保持安静，希望到圣路易的时候可以复原。但我错了，我的声音还是不对劲，没办法，我还是得按照预定计划，站在舞台上，面对满座的观众，与文森特·普莱斯同台演出。我开口高唱，但没有声音，什么也没有。

"第一份工作就这样完蛋了。于是我跑去找国内顶尖的喉科专家，'我想你不能再唱歌了，'他说，'你可以说话，但我怀疑你是否还能唱歌。'

"我茫然若失，这是任何一个歌手结束事业的前兆。医生打算给我做声带手术。我很欣赏的一位大都会歌剧女高音就做过这种手术，但她的声音却从此大不如前。不，这等于自毁前程。我不想就此完蛋！除了手术，我还有另一种选择：完全不出声，让声带有痊愈的机会。我就这么办了，四个半月里完全不吭一声，一个字也没说。后来，我被允许悄悄低声说10个字了。之后，被允许用正常的声音说出10个字。回音就像钟楼的钟声一般，令人难忘。

"复原6个星期后，也就是距离站在舞台上没有声音的那个梦魇6个月之后，我成为纽约大都会歌剧试唱的最后人选。如果我还在圣路易工作，就不可能发生这样的事。但从圣路易那次失败后，我变成了纽约市歌剧院的首席女高音，在13场歌剧演出中，和格特鲁德·劳伦斯合演《国王与我》，并在所有俱乐部里演出，还曾5次出演埃德·沙利文的剧目。

"当我失去声音时,我发誓要学习所有和声音有关的知识,不让我的悲剧降临在我认识的人身上。在这过程中,我学到如何改变说话的方式,例如,降低音量,改变共鸣音等等。我的第二个事业——讲演就此展开了。"

这是一个了不起的女性。当医生宣布她完蛋了时,她并不认同。她既要治好病,又要使自己的嗓音丝毫不受损。

她做到了,是因为她不肯承认自己就此彻底失败了。

人生最大的光荣不在于永不失败,而在于屡败屡战

失败并不是终点,在狼道精神中,失败是必须经历的小插曲,真正的大戏就在这些小插曲之后,只要不放弃,就一定会有辉煌的一天。所以说,屡败屡战就是狼道法则的核心所在。

在我们成功的路上,在我们创业的路上,在我们的职场打拼中,在我们日复一日的生活中,在我们成长的过程中,没有人总是一帆风顺,无论谁都会经历磕磕绊绊,大大小小的挫折、失败不计其数。

如果说人生过程像一幅画,那么这幅画就是由各种成功与失败作为色彩而绘制的。其间有山重水复,那是失败涂抹的阴霾;也有柳暗花明,那是成功描绘的彩虹。成功可以给我们带来经济上的安全感、社会

上的优越感、才能上的卓越感，在社会生活中受人尊敬，在职业生涯和工作环境中受人重视。而挫折和失败则意味着无法充分施展自己的才能，丧失了机遇和利益，可能失业，可能落榜，可能失恋，可能自此一蹶不振……

我们生活在崇拜胜利者、成功者的现实之中，鲜花和掌声总是献给成功者的。成功者享受着人们馈赠的荣耀崇敬、尊重庆贺、欢乐愉悦；失败者则把羞耻愧疚，忧郁自卑，痛苦迷茫，沮丧绝望留在心田而难以摆脱。尽管失败者偶尔也会轻松和坚定，但无论亲朋好友怎样安慰、开导、鼓励，仍然摆脱不了心头的阴影，失败的痛苦往往是刻骨铭心的。

人生中的失败往往多于成功。人不可能处处有得，事事有成。要经历无数次失败以后才能获得有限的成功，成功的事情总是屈指可数的。失败孕育着成功，失败造就了成功，成功能够给人以巨大的喜悦。但为了成功，人们必须经受失败的痛苦和煎熬。

人们总是主观地认为"失败"所代表的是深渊、是低谷、是无法战胜、无法翻越的高墙、是所有的悲哀与不幸；而"成功"所代表的是金钱、是利益、是功名成就的事业、是无可比拟的地位、是一切的美好与幸福。

由此，我们也许会害怕掉进深渊，害怕陷入低谷，害怕前进路上的阴影。可是我们总不能原地踏步，永不前进吧。其实，我们不必恐惧挫折，不必害怕失败。

作为一个成功者来说，是在经历了数次失败之后才取得的。而对一个失败者来说，今天的失败并不意味着明天也会失败，失败的原因成为以后积累的经验，也奠定了明天取得成功的基础。

成功其实就是失败在向成功迈进的全过程，经历数次失败，并不意味着就是真正的失败者。有时候的成功与失败是很难分得清，成功者同失败者之间的区别，仅在于成功者能由失误中获益，并以不同的方式再尝试成功。

成功可能是我们一生中辛苦寻求的东西，也可能是人一生中最高兴的时候；但是成功也是失败的缩影，随时会跌落失败的深渊。而失败也是人生不可缺少的一种过程。孟子曰："天将降大任于斯人也，必先劳其筋骨，饿其体肤，苦其心志……"诚然失败是痛苦的，但是失败可以带来宝贵的经验，锻炼出钢铁般的意志，从而奠定成功的基础。

失败不是最可怕的，最可怕的是，遇到失败就放弃，遇到失败就逃避。我们一定要正视失败，要抱着积极的态度迎接其所带来的经验和教训，这样才会成功。我觉得没有失败的成功，是一种不会长远的成功。而从失败的黑暗中，经过自己的尝试、努力所得到的成功是不平凡的成功，伟大的成功。

每个人都不会平平淡淡地虚度一生。所以失败是人生路上的起伏点。它不但会使人成长，而且还会使人得到乐趣。在失败的黑暗中，人不断在这黑暗中寻找能指路的明灯，然后冲出黑暗得到光明的照耀。在这一过程和结果中都能体会到人生的美妙。

要成为成功者，心理素质非常重要，要有较强的承受能力和坚定的自信心，无论遇到多大困难，多少艰难险阻，多少惊涛骇浪，都以坚忍不拔的毅力搏击它、战胜它，不但战胜别人，也要战胜自己，直至取得成功。

失败不是人格的宣判，不是永恒的状况，不是命运的错误，而是人生的一个阶段。"天生我材必有用"，应该坚信自己会成功，应该有一种不负人生价值的信念。

即使我们的创业失败了，即使我们的前进受挫了，最严重的结果无非就是一无所有，我们也不会失去更多，最多不过回到起点，而且我们并没有比失败以前糟糕到哪去，大不了重新再来。

屡败屡战，经历数次失败的我们，最惨也不过再次回到零起点，从头再来，但再次起跑的我们已经不是原来起跑线上的我们了，至少我们经历过失败，接受过挫折，前面的失败已经为再次的挑战打下了坚实的基础，我们不会在同一个地方摔倒第二次，不会为同样问题犯第二次错误，不会再重蹈覆辙，这就是经验，就是成功，没有更好，但也不会更糟。

人生最大的光荣不在于永不失败，而在于屡败屡战。尼克松在总结他一生六次失败时说："我追求在失败和行动之中，成功比失败多一次，就足矣了。"这也算是狼道法则的另类解释吧！

狼道密说八：

摒弃个人主义，
并肩前进是提高进攻效果的捷径

在大多数动物眼中，狼群是一种可怕的力量。狼群里每一匹狼都懂得内部团结的重要性，它们互相关爱、互相帮助，在捕猎的过程中并肩作战，它们懂得发挥集体的智慧，每一匹狼都尽心尽力地为团队作出自己的贡献。正因为这些因素，狼群才有了无坚不摧的力量。一个人也应该像狼一样，将自己融于团体当中，与他人并肩作战，才能提高工作效率。

多一些关爱，多一些和谐

狼是凶残的，但狼的许多行为又充满了博爱、关怀之情。由于天灾人祸，一只狼崽一旦失去了母亲，就会有许多狼阿姨、狼大妈主动上门充当奶妈的角色。不管狼崽的母亲是曾经的朋友还是对手，都不会丝毫影响狼阿姨、狼大妈的热情。这种无私的关爱或许可以成为狼群内部团结、和谐的最真实的写照。

对于一个人来讲，关爱他人，有着更为重要的意义。关爱他人，你所付出的仅是一点爱心，但你收回的却是巨大的幸福。爱心是能够被传递的，关爱别人的同时就是在关爱自己。

有一个人被带去观赏天堂和地狱，以便比较之后能让他聪明地选择自己的归宿。他先去看了魔鬼掌管的地狱。第一眼看去条件非常好，因为所有的人都坐在酒桌旁，桌上摆满了各种佳肴，包括肉、水果、蔬菜。

然而，当他仔细看那些人时，发现没有一张笑脸，也没有伴随盛宴的音乐或狂欢的迹象。坐在桌子旁边的人看起来沉闷，无精打采，而且皮包骨头。更奇怪的是，那些人每人的左臂都捆着一把叉，右臂捆着一把刀，刀和叉都有四尺长的把手，使它不能用来自己喂自己吃，所以即使每一样食品都在他们手边，结果还是吃不到，一直在挨饿。

然后他又去了大堂,景象完全一样:同样的食物、刀、叉与那些四尺长的把手,然而,天堂里的居民却都在唱歌、欢笑。这位参观者困惑了。他奇怪为什么条件相同,结果却如此不同。在地狱的人都挨饿而且可怜,可是在天堂的人吃得很好而且很快乐。最后,他终于看到了答案:地狱里每一个人都试图喂自己,可是一刀一叉,以及四尺长的把手根本不可能吃到东西;天堂里的每一个人都是喂对面的人,而且也被对面的人所喂,因为互相帮助,所以,谁都可以吃到食物。

在关爱他人的同时,你就是在为自己播下一粒与人为善的种子。随着时光的流逝,它会发芽、抽叶,直至长得枝繁叶茂。它不仅能够为他人挡风遮雨,也能呵护你、安慰你,使你获得幸福。

任何一种真诚而博大的爱都会在现实中得到应有的回报。付出你的爱,给别人力所能及的帮助,你的人生之路将多通途,少险阻。

人活在世上要学会分享与给予,养成互爱互助的行为。正像俄国伟大的作家托尔斯泰所说:"神奇的爱,使数学法则失去平衡,两个人分担一个痛苦,只有一个痛苦;而两个人共享一个幸福,却有两个幸福。"

很多时候,善待别人,其实就是善待自己。严以律己,善待他人,可以减少许多麻烦。善于为别人着想,就要理解他人,以宽大的胸怀经受来自各方的大大小小的压力,把自己和别人的利益冲突看得淡一些。心存高远目标,才不会为小事动摇,更不会花太多的精力去和别人计较。要明白在漫长的人生历程中,要具有忍耐和宽容精神,善于用自身的高贵品行去感化对方。宽容的基础是对人的信任和爱,相信别人有求善的愿望,要有团结和谐为重的博大胸怀,要能以德报怨,不念旧恶。昨天的敌人在明天就有可能成为朋友。

帮助别人就是强大自己，帮助别人也就是帮助自己，为自己铺开后路。其实，在很多情况下，帮人并不意味着自己吃亏。

一对待人极好的夫妇不幸下岗了，不过在朋友、亲属以及街坊邻居们的帮助下，他们在小城新兴的一个服装市场里开起了一家火锅店。

刚刚开张的火锅店生意冷清，全靠朋友和街坊照顾才得以维持。但不出三个月，夫妇俩便以待人热忱、收费公道而赢得了大批的"回头客"，火锅店的生意也一天一天地好起来。

几乎每到吃饭的时间，小城里行乞的七八个大小乞丐，都会成群结队地到他们的火锅店来行乞。

夫妇俩总是以宽容平和的态度对待这些乞丐，从不呵斥辱骂。其他店主则对这些乞丐连撵带轰，一副讨厌之极的表情，而这夫妇俩每次都会笑呵呵地给这些肮脏邋遢、令人厌恶的乞丐盛满热饭热菜。最让人感动的是夫妇俩施舍给乞丐们的饭菜，都是从厨房里盛来的新鲜饭菜，并不是那些顾客用过的残汤剩饭。他们给乞丐盛饭时，表情和神态十分自然，丝毫没有做作之态，就像他们所做的这一切原本就是分内的事情一样。

日子就这样一天一天地过着。一天深夜，服装市场里突然燃起了大火。这一天，恰巧丈夫去外地进货，店里只留下女主人照看。一无力气二无帮手的女店主，眼看辛苦张罗起来的火锅店就要被熊熊大火吞没，着急万分之时，只见那班平常天天上门乞讨的乞丐，不知从哪里钻了出来，在老乞丐的率领下，冒着生命危险将那一个个笨重的液化气罐马不停蹄地搬运到了安全地段。紧接着，他们又冲进马上要被大火包围的店内，将那些易燃物品全都搬了出来。消防车很快开来了，由于抢救及时，火锅店虽然也遭受了一点小小的损失，但最终保住了。而周围的那些店铺，却因为得不到及时的救助，货物早已烧得精光。

夫妻俩对乞丐们无私的帮助得到了他们最真诚的回报。

世界著名的精神病学家亚弗烈德·阿德勒曾经发表过一篇令人惊奇的研究报告。他常对那些孤独症和忧郁病患者说："只要你按照我这个处方去做，14天内你的孤独忧郁症一定可以痊愈。这个处方是——每天都想一想，怎样才能使别人幸福？"

手心向下是助人，手心向上是求人。助人快乐，求人痛苦。何不在解决别人的痛苦中，体会助人的快乐。

一个大雨滂沱的夜晚，社会学者埃维拉一不小心陷进了沼泽地。野地里四处无人，埃维拉焦急万分，身子已经陷到了脖子。如果不能离开这里，就必然会被沼泽吞噬。这时，一个骑马的中年男子路过此地，二话没说就用绳子将埃维拉拽了出来，把他带到了一个小镇上。当埃维拉拿出钱对这个陌生人表示感谢时，中年男人说："我不要求回报，只要你给我一个承诺：当别人有困难的时候，你也尽力去帮助他。"在后来的日子里，埃维拉帮助了许许多多的人，并且将那位中年男子对他的要求告诉了他所帮助的每一个人。数年后，埃维拉被一次骤发的洪水围困在一个小岛上，一位少年帮助了他。当他要感谢少年时，少年竟说出了那句埃维拉永远也不会忘记的话："我不要求回报，但你要给我一个承诺……"埃维拉的心里顿时涌上了一股暖流。

正所谓"送人玫瑰，手有余香"。生活中，我们不仅要感激别人给予我们快乐和关爱，举手之劳也要给予他人快乐和关爱，让他人在你我的些许关爱中不再孤独落泪，让生活因你我多一点的关爱而少一点不和谐，让社会在你我的爱心传递中多一些温情，让我们也幸福着我们的给予。

寻求个人利益和他人利益的契合点，这样可以有效地避免个人利益与公众利益的冲突，可以使自己与多数人站在一个立场上。像杜甫虽然自家茅屋为秋风所破，但他念念不忘的却是"安得广厦千万间，大庇天下寒士俱欢颜"。这是何等胸怀，何等气魄！心中有他人，他人也就接纳了你。给别人一些关爱，纵使是一些微不足道的话，对那些忧郁、无助的心灵都会是一缕明媚的阳光，或许其荒芜的心田从此就衍生出一片勃勃绿意。我为人人，其实是一种风骨和一种品位。

有位医生赶着去给一位儿童进行抢救，行至半路，竟发现路前方有一条深沟，他无法过去，于是他求助于路旁的一台推土机的司机。司机答应了，他为医生填好了深沟。医生一路飞奔，终于孩子得救了。在回去的路上，他向那位司机道谢："谢谢你，是你救了自己孩子一命。"不料，司机却说道："我根本不知道那是我的孩子。"故事的结局出人意料，但却告诉我们，付出也是一种美，帮助别人也等于帮助自己。

由此可见，宽厚待人，树立我为人人、人人为我的观念，在人际交往时往往能化干戈为玉帛，使原本激化的矛盾平息乃至朝着好的方向发展。美好的事物都是由美好的德行引发的。

在漫漫的人生路上，你如果觉得自己孤寂，或者觉得道路艰险，那你就照阿德勒的话去做，每天都想一想，怎样才能使别人幸福？这样你定会逢凶化吉，因祸得福，幸福就会飞到你的身边，使你远离痛苦与烦恼。

多一分关爱就多一分和谐。在凡尘俗世里，让我们永怀乐善之心，恒伸友爱之手。让我们永葆一颗纯洁美好的心灵。

并肩战斗是提高进攻效果的捷径

独狼令人生畏，而如果碰上狼群，恐怕连老虎、狮子看到也要退避三分了。狼群之所以有这么大的威力，并不是因为它们在个体数量上的优势，而在于狼群中的每一匹狼都在扮演着不可或缺的至关重要的角色，这是一个有机的整体。每一匹狼的意识里都有这样一个理念：只要大家并肩战斗，就有可能产生天下无敌的默契。

人们常说："多个朋友多条路"，意思是朋友多了，自然会路路畅通。其实这种仅仅从人际交往的角度来说明朋友作用的见解，并不全面。朋友作为与自己协同作战的伙伴和帮手，如果能与他们真正团结并配合好，实际上也就相当于自己多了几只手，同时也多了几件得心应手的兵器。因此而言，注意为自己多找几个可靠的帮手并肩战斗，将使我们出击进攻的效果得到非常明显的提高。

举世知名的成功学大师卡耐基，他之所以能以一个出身寒微的穷小子，猎取到常人难以得到的成功——天下称誉的名声和难以计数的资产，关键就在于他善于与志同道合的友人合作，相互帮助，使自己于无形之中仿佛又多添了几件兵器，从而使自己对于外界的出击力度比平常人要超出几倍。

卡耐基和他的挚友之一赫蒙·克洛依都是从玛丽维尔走向纽约的。但赫蒙·克洛依似乎更幸运些，他在《圣约瑟夫报》以及《圣路易斯快报》担任记者之后，他找到了一个最适合他的职位——巴特瑞克出版社杂志编辑的助理。

最初，他们两人并没有什么交往，在一次偶然的度假中，卡耐基遇上了克洛依，两人交谈起来，讲述了各自在纽约的奋斗历程。

卡耐基在和克洛依的一系列交往中，逐步建立起了深厚的友谊，成为一生的挚友，直到卡耐基逝世，克洛依还给他家以很大的帮助。

两人都有共同的兴趣爱好，喜欢旅游，而且还经常一同出去游泳。在一次游泳中，克洛依问卡耐基："亲爱的戴尔，为什么不尝试写作呢？"

"我正在积极地准备。"卡耐基兴奋地回答。

从此，卡耐基提起了笔，下定决心进行创作，在卡耐基一生的畅销书创作中，克洛依的帮助功不可没。

卡耐基对克洛依在他成功道路上起的作用，非常感谢，为此，他特意在《影响力的本质》一书的扉页上写了一段话赠给克洛依，他写道："让我以最高的名义把此书献给我最尊敬、最重要、最诚实的朋友。"

卡耐基的另一位挚友法兰格·贝克尔曾是卡耐基的学生，他们的友谊是在卡耐基培训班上开始的。

贝克尔也是在贫困中长大，父亲在他年幼时就去世了，家庭从此陷入困境。为了维持生计，贝克尔很小就开始当报童，稍微长大一些后便去开蒸汽炉挣钱来帮助母亲，后来他成为一名棒球手而使他进入了灿烂的人生舞台。可是，后来他在球场上受了伤，不得不从球场上退下来。在这之后转向销售，但他很快发现，自己很难取得预想的成功。于是他加入了卡耐基培训班。他在课堂上的表现使卡耐基对自己的理论充满了信心。

与此同时,对于卡耐基来说,贝克尔简直就是一位明星学生。因为他从卡耐基课程毕业后,其事业蒸蒸日上,为了表示对卡耐基课程的支持,他特别希望能帮助那些处于贫困或者事业无法拓展的人们。一天,贝克尔应邀前往卡耐基家中做客,喝了一杯酒后,卡耐基说:"我们的事业现在越来越大了。法兰格,你既是我成功的典范,也是我事业的支持者啊!"

在这之后,他们合作开展了一项洲际演说的活动,并且获得了空前的成功,在每个州的演说中,会堂都坐得满满的,大家都争先恐后地去听卡耐基和贝克尔的讲演。

每次讲演后,听众们总是渴望与卡耐基进行直接的交流,而有些则非常崇拜贝克尔,因为他是从一无所有到百万富翁的成功典型。

贝克尔后来也写过一本书,名叫《我如何在行销中反败为胜》,叙述自己是如何将卡耐基课程的内容运用到自己的行销业务上去,并加以革新而取得胜利的。通过这位全美最佳行销人员的大力推荐,确实有助于卡耐基的教学发展,而且从贝克尔的见地中,卡耐基也学到了很多新的知识。

1916年,卡耐基在学员们的帮助下,在自己的会馆里常设了办公室,学员人数也随之稳步增长。其中有一名慕名而来的,正是普林斯顿大学演说系的年轻教师罗威尔·汤姆斯,他们的相识完全出于偶然。

汤姆斯在普林斯顿大学时,为了赚取一些零用钱,接受了普林斯顿一带的地方俱乐部及社区的邀请,解说自己去年夏天访问阿拉斯加的情况报告。汤姆斯为了完成任务，为即将来临的讲演做准备，决定去纽约拜访卡耐基。

他们两人合作并取得了轰动性效应，从此以后，卡耐基和汤姆斯成为好朋友。

由于他们的友谊出现在两个人事业的低谷阶段，因此可以说是患难之交。而后来汤姆斯也靠自己的盛名为卡耐基销售他的书籍。

"一战"时期，卡耐基服了18个月的兵役，在他回来后，报名参加他的培训班的人已经很少，因为大家都在忙着寻找工作，领取救济金。

尽管战后的情形并不令人满意，但卡耐基心中的那个事业依然存在着。

有一天，卡耐基接到了罗威尔·汤姆斯从伦敦发来的电报，说想和卡耐基再次合作。1919年汤姆斯返回纽约市时，带回了许多战时在中东旅游和历险的照片，他希望卡耐基能帮他准备一些相关的文稿，他雄心勃勃地想以一种兴奋、乐观、激动的第一手资料表达方式，发表题为"与爱拜斯在巴勒斯坦及阿拉伯的劳伦斯"的演说，这一构想成功的希望相当大。

接到电报后，卡耐基略做准备，便匆匆地收拾行装奔赴伦敦。

终于，功夫不负有心人，首场演讲获得了轰动性的成功，伦敦的新闻界整天都对此进行报道。

这是卡耐基演讲中一次新的尝试，他心甘情愿地做朋友的助手，帮助朋友的事业取得成功。

汤姆斯为卡耐基的《影响力的本质》第一版撰写绪论，他的签名也常在戴尔·卡耐基的广告上出现。而卡耐基还经常去汤姆斯家做客，汤姆斯的孩子都记得有一位友善、愉悦、一头灰发和戴着淡色镜框眼镜的慈祥长者，常来他家与他父亲亲切交谈。

他就是戴尔·卡耐基。

卡耐基的事业的成功固然与他自己的艰苦奋斗分不开，但是如果没有这些挚友的支持和帮助，他的成功也难以如此辉煌。

这就是狼道法则给我们的启示：如果一个人孤独地在社会上生活，身边没有能够信赖的朋友并肩战斗，他的事业是肯定不会成功的。

用亲和友善打通处世的关节

"亲和"、"友善"这样的字眼看起来似乎和狼的品性没有直接的联系，其实不然，看看狼群中的首领——头狼在对待属下时的眼神，你就会发现狼的另一面。狼群是一个团队，这个团队的战斗力直接取决于狼群成员之间的关系是否和睦、融洽。头狼深深地理解这一点，它会用自己的亲和、友善来巩固联系各团队成员之间的情感世界。

有不少刚出道的年轻人，胸中有着这样的热望："我真希望能吸引一些朋友，我真希望能成为一个受人欢迎、为人所乐于亲近的人。"只是因为他们自己生性孤僻，缺少吸引朋友的磁力，故没有多少人愿意和这样的人交友往来，使这些人失掉了生活上的很多乐趣，这样，他们的热望也最终无从实现。

对任何人，如果能像狼一样，在适当的时候表现出友爱与和善，他自身的吸引力就会在不知不觉中大增。

人格高尚、性情温和的人，往往到处能得到他人的欢迎，也能处处得到他人的扶助。有些商人虽然没有雄厚的资本，却能吸引很多顾客，他们的事业与那些资本雄厚但缺少吸引力的人相比，进展必定更为显著。

在为人处世时，如果你能处处表现出爱人与和善的精神，乐于助人，那么就能使自己犹如磁石一般，吸引众多的朋友。而一个只肯为自己打算的人，到处会受人鄙弃。

慷慨与宽宏大量，也是获得朋友的要素。一个宽容大度的慷慨者，常能赢得人心。

在社交中，还应说他人爱听的话，在谈话和做事过程中，要赞扬他人的长处，而不去暴露他人的短处。那种习惯轻视他人、喜欢寻找他人缺点的人，是不可信赖的，也不值得结交。

轻视与嫉妒他人往往是一个人心胸狭窄、思想不健全的表现，也是一个人思想浅薄与狭隘的表现，这种人非但不能认识他人的长处，更不能发现自己的短处。而有着健全的思想、对人宽宏大量的人，不仅能够认识他人的长处，更能发现自己的短处。

吸引他人最好的方法，就是要使自己对他人的事情很关心、很感兴趣。但你不能做作，你必须真诚地对别人关心、对别人感兴趣。

好多人所以不能吸引他人，是因为他们的心灵与外界是隔绝的，他们专注于自己。与外界隔绝，久而久之，便足以使自己陷于孤独的境地。

有一个人，几乎人人都不欢迎他，但他不知道是什么原因。即使他参加一个公众集会，人人见了他都退避三舍。所以，当别人互相寒暄谈笑、其乐融融之时，他却一个人独处在屋中的一个角落。即使偶然被人家注意，片刻之后，他也依旧孤独地坐在一边。像这类人好似冰块一样，好似没有吸引力的石头。

这个人之所以不受欢迎，在他自己看来乃是一个谜，他具有很大的才能，又是个勤勉努力的人。他在每天工作完毕后，也喜欢混在同伴中寻求快乐。但他往往只顾自己的乐趣，而常常给人以难堪，所以很多人一看到他，就避而远之。

但他绝未想到，他不受欢迎最关键的原因乃在于他的自私心理，自私乃是他不能赢得人心的主要障碍。他只想到自己而不顾及他人。他竟然一刻也不能把自己的事情搁起，来谈谈他人的事情。每当与别人谈话，他总是要把谈话的中心集中在自身或自己的业务上。

一个人如果只顾自己，只为自己打算，那么就没有吸引他人的磁力，就会使别人对他感到厌恶，就没有一个人喜欢与他结交往来。

如果一个人真正对他人感兴趣，便有吸引他人的力量。而且对他人吸引力的大小，与对他人所感兴趣的程度成正比。怎样才能对他人感兴趣呢？主要是能够设身处地为他人着想，能够推己及人，给他人以深切的关注。

其实，人生最大的目标，并不仅在于谋生赚钱，更要把我们内在的力量、我们的美德发扬出来。这样，我们就自然会具有吸引他人的力量。

一个人要真正吸引他人，应该具有种种良好的德行，自私、卑鄙、嫉妒都不能赢得人心；非但不能赢得人心，还会处处不受人们的欢迎。

穷苦的青年男女们刚刚跨入社会的时候，往往容易羡慕那些家资万贯、无须为生计发愁的富家子弟。其实，那些富家子弟没有什么值得羡慕的。只要在自己身上培养磁石般的吸引力，便必定能够立身社会，这种卓越品质所具有的力量，远远超过金钱的力量！

换一种沟通方式也许能改变结果

狼在嗥叫的时候，总是仰着头让鼻尖朝天，这不是狼在故作潇洒摆造型，而是为了让声音传播得更远。以让狼之间相互的沟通发挥最大的效力。经科学证实，确实如此。当狼的鼻尖朝天嗥叫时，音波就能在空气中均匀地扩散，这样就能使分散在草原四面八方的家族成员同时听到它的叫声。

对于狼来说，交流的艺术在于密切注视各种各样的交流方式，特别是身体语言。它们的观察力被磨砺得如此敏锐，以至于它们甚至可以注意到同伴行为中最微妙的变化。狼对幼崽充满了父母之爱，一匹成年的狼对一只幼狼讲话时，会把头降低到和幼狼一般高，然后发出狼崽的呜咽般的声音。

狗与狼是"近亲"，两者在体型和习性上都有很多相似之处。但是德国科学家发现，狗和狼之间没有"共同语言"，两者各具其特定的交流方式。动物学家说，狗是通过不同的吠声来进行情感交流的，但对于狼而言，它们除了嗥叫之外更多地借助面部表情来交流沟通。研究人员还发现，狼共有 60 多种不同的面部表情，可以用来向同类传达信息，并且表明它们在等级森严的群落中各自的地位。

正是得益于这些丰富独特的沟通方式，让狼的沟通更加顺畅和有效。

每个人都有自己的思维方式和说话习惯，时间久了，其中必然掺和不少可能导致结果不佳的说话方式和内容。虽然语言习惯形成以后很难改变，但一旦做出改变，像狼一样，尝试一些不同以往的说话沟通方式，可能新的结果会给你一个惊喜。

一个周末，许多青年男女伫立街头，他们中间有不少人是等待与情侣相会的。有两个擦鞋童，正高声叫喊着以招徕顾客。

其中一个说："请坐，我为您擦擦皮鞋吧，又光又亮。"

另一个却说："约会前，请先擦一下皮鞋吧？"

结果，前一个擦鞋童摊前的顾客寥寥无几，而后一个擦鞋童的喊声却收到了意想不到的效果，一个个青年男女都纷纷让他擦鞋。这究竟是什么原因呢？

第一个擦鞋童的话，尽管礼貌、热情，并且附带着质量上的保证，但这与此刻青年男女们的心理差距甚远。因为，在黄昏时刻破费钱财去"买"个"又光又亮"，显然没有多少必要。人们从这儿听到的印象是"为擦鞋而擦鞋"的意思。

而第二个擦鞋童的话就与此刻男女青年们的心理非常吻合。"月上柳梢头，人约黄昏后"，在这充满温情的时刻，谁不愿意以干干净净、大大方方的形象出现在自己心爱的人面前？一句"约会前，请先擦一下皮鞋"真是说到了青年男女的心坎上。可见，这位聪明的擦鞋童，正是传送着"为约会而擦鞋"的温情爱意。

一句"为约会而擦鞋"一下子抓住了顾客的心理，因而大获成功。从以上分析中，我们也该从中受到启发：研究心理，察言观色，得到准确的无形信息才能找到最恰当的说话切入点。

比如，在知识高深、经验丰富的对手面前，不能自作聪明、虚张声势，尤其不能不懂装懂、显露浅薄，否则，就可能弄巧成拙。再如，在刚愎自用、好大喜功的对手面前，不宜过多解释，而可以采用激将法。又如，在沉默寡言、疑神疑鬼的对手面前，越殷勤，越妥协，往往越会引起更多的疑问和戒备。因此，关键在于想方设法启发对方开口，以便摸清虚实，对症下药。态度也不妨强硬一点，用自己的自信来感染、同化对方，打消疑虑。

有一家皮革材料公司，专为皮革制造厂家提供皮革材料。一次，一位客户登门。几句寒暄之后，公司负责人发现这位客户实力雄厚，需要量很大。在交谈中又发现这位客户比较自负，性急。于是皮革材料公司通过客户观看样品的机会，适当而得体地夸奖他的经验与眼力，在最后的价格谈判中，先开出每米20元，但接着加了一句："您是行家，我们开的价是生意的常规，有虚头骗不了您。最后的定价您说了算，我们绝无二话。"果然，客户在这种信任的赞誉声中，痛痛快快定了每米15元的价格（公司的进价是每米12元）。

显然，这样的战术成功了。而成功的关键还在于准确地把握住了对方的性格及心理，使用了正确的说话沟通方法。

对一些不公平的事不要斤斤计较

有一些狼群在组成形式上就像一个大家庭，在头狼的带领下，它们共同捕猎，一起生活，一起养育子女。头狼在分配任务和食物会尽量做到公平公正，但在某些情况下偶尔也会出现不公平的现象，比如某一匹壮年的狼在捕猎的过程中起到了关键的作用，但分配到的食物却不一定最多。即使出现这种情况，狼为了整个狼群的和谐稳定，一般都不会斤斤计较，而是坦然接受。

在现实生活中，遇到不公平的事情，我们不要烦恼，不要埋怨，用另一种观点面对不公平。要明白"吃亏是福"的道理。你要知道，没有人是愿意吃亏的。

经商中的"先赔后赚"之计，众所周知的不公平，也就是做做表面文章的意思。

美国人出外旅游，有一去处可以不花一分钱，甚至还有节余，这个地方便是大西洋赌城。从纽约出发，到那里来回车费才20美元，到达后马上可以得到赌城当局馈赠的15美元现金，还有一顿丰盛的自助餐。第二次来时，凭车票又可以得到8美元的回赠。

这是赌场老板牟利的一个妙计，为吸引顾客前来，当然来得越多越好，因为到赌场来而不赌者寥寥无几，不管赌客运气如何，总体上是赚少赔多。因此，所谓来去不花钱，实际上花费的是赌场老板从顾客身上赚来的零头。落最大好处的当然是赌场老板，但顾客还总能承受。这就是赌场老板的诀窍。所谓"降价销售"、"有奖销售"、"品尝销售"、"买一赠一"等等，实际上都是"羊毛出在羊身上"。然而，商战中因此取胜的却是很多。看似吃小亏，实则赚大便宜。

我们虽然不赞成在和周围朋友的相处中用这些招数，但我们要明白，面对不公平时，吃点亏也许会给你带来惊喜。

不要再埋怨生活对你不公平，在现实生活中过多地沉醉于那些公平的思考已经使我们中好多人背上了沉重的"渴望平等"的包袱，从而完全演变成一种对生活和自己的苛刻。

有的人总是抱怨自己与别人干的工作一样多，工资却比别人的少；有的人抱怨自己付出的比别人多，得到的却比别人的少……时时抱怨不公平，并由此对这个社会失去了信心。

爱默生说："一味愚蠢地始终强求公平，是心胸狭窄者的弊病之一。"因为我们不可能对人生投"弃权"票，所以就必须在努力争取的同时，学会宽容，才能正视不公平。

有一对邻居，他们一向不和，在各自的田地里都打上了堤埂，他们的田地里也都种了西瓜。王姓邻居勤劳，锄草浇水，瓜秧长势很好；张姓邻居懒惰，不锄不浇，瓜秧又瘦又弱，惨不忍睹。

人比人，气死人。看着对面王姓邻居的瓜长的可人，张姓邻居觉得失了面子。在一天晚上，趁月黑风高，偷跑过去把王姓邻居家的瓜秧全都扯断。王家的人第二天发现后，非常气愤，对家人说："咱们要以牙还牙，也过去把他们的瓜秧扯断！"

王家的老人说：

"他们这样做固然不对，但我们也不能因此就跟着学，那样太小气了。你们照我的吩咐去做，从今天开始，每天晚上去给他们的瓜秧浇水，让他们的瓜秧也长得好。而且，一定不要让他们知道。"

家里的人觉得老人说的有理，就照办了。

张家的人发现自己家的瓜秧的长势一天比一天好起来，觉得奇怪。仔细观察，发现每晚都是他们的邻居悄悄过来替他们浇水。

张家的人十分惭愧又十分敬佩，深感邻居和好的诚心，于是备礼以示歉意。结果他们成了让人羡慕的好邻居。

俗话说："远亲不如近邻"、"冤家宜解不宜结"。对待不公平的事，一定要理智，不要莽撞地作出结论，那样既解决不了事情，而且使邻里关系更加恶化。要用宽容的心态去面对，用平和的心态去面对，因为它是化解种种不快的至尊法宝。

在生活节奏日趋加快的今天，倍感压力的现代人多么渴望自己能够在紧张忙碌的学习、工作中松弛身心，减轻压力！而事实上却没有多少人能够如愿以偿，大多数人依然为生活所累，终日劳心费力、疲惫不堪。人们想松弛身心而做不到，因为他们没有深入思考应该怎样放松自己。

我们每一天都应该调整好自我状态，在学习、工作之余努力放松自己，在点滴生活中发现美的闪光点，不可以让疲惫、无聊、等待的感觉浪费生命。

能否做到从每天紧张繁忙的学习、工作中挤时间给自己一点放松的闲暇，不但要看一个人的心理素质如何，更要找到一种事半功倍的方法。因此不管时间有多紧迫、任务有多重，只要感觉到工作效率开始下降，精力不再集中时，就要及时抽出时间调整，暂停工作并能及时转入放松状态。事实上，许多人在考试临近时是绝不肯每天分出一小时的时间来读散文、逛街或看电视的。他们总认为"现在一刻也不能放松！等熬过了这一阵子，再去睡他一天一夜！"其实，每天有规律地做到张弛有度，不仅浪费不了时间，而且还可以节约时间。最好不要忘记，那种期待到了将来的某一时刻才开始放松自己的计划是不可取的！如果你现在需要放松，你就现在开始放松自己。谦和轻松的心态有助于激发潜能，最大可能地提高你的工作效率。只有时常保持一种平和轻松的心理，你就能在不知不觉中走向成功。要知道，创造力源于轻松和谐的思维；紧张忙乱的情绪只能给我们的事情添乱。有位成功作家向别人介绍经验时说："当我感到紧张、压力大的时候，我就不会浪费时间试图写哪怕一个字；但等我恢复了轻松平和的状态后，我笔下的文章就源源不断地产生了。"我们不妨向他学习。

　　要使生活真的做到"放轻松"，你就必须训练自己自如应对生活琐事的能力。生活由一出出戏剧组成，喜剧、悲剧、闹剧等等剧种不可避免地轮流上演，你必须具备化悲为喜，严防乐极生悲的意识，才能随时保持一份轻松平和的心态，凭着这份稳健的自信去闯荡人生旅途的风浪。

　　处变不惊的人格魅力来自积极的自我暗示——一种对生活充满了宽容、仁爱的心态。它始终使你能够正确选择对待生活的态度。有了这种积极的自我意识，你就可以学会如何去正确思考人生，就可以在不公平的社会里保持一颗轻松平和的心，并能够结合实际环境创造出新的生活方式。实践中，你自主的选择必将赋予你一个更加轻松愉悦的自我。

狼道密说九：

模仿很重要，
但不要生搬硬套

狼是食肉动物，但是遇到食物短缺的时候，狼为了维持自己的生命可以说什么都吃，昆虫、腐肉等等。因为狼很清楚，既然改变不了目前的形势，那就先从改变自己开始，正是这种变化的思维，使狼有了最基本的生存下去的保障。在狼身上，变，还表现为一种创新意识，无论面对什么样的挑战，它们总能找出全新的解决和应对之道，令对手防不胜防。人的成功亦如是。他人的成功经验固然很重要，可以模仿，但千万不要生搬硬套，要懂得变通。

于变化中求生存

狼是善变的动物。对于这一点，牧民们最为清楚。这一次，狼用声东击西的方式袭击了羊群，那么下一次它肯定不会用同样的策略，而是变着法地用各种新花样跟牧民周旋，令牧民们防不胜防。

在这里，我们暂且不去讨论狼性善恶的问题，单是这种在变化中求生存的精神就值得我们深思。

古语有"变则通，通则达"的说法，创意是在实践中不断得到提高发展的。学会细心观察，用心观察生活的某个镜头，慢慢地你就会发现世界上的事情总是在变，而能够利用这种变化为自己创造机会、创造成功的人，才会拥有闪亮的人生。例如，怎样使电视看起来更清晰？怎样使沙发坐起来更舒服？怎样使阅读起来更便捷？……需要创新的东西太多，正因如此，创新才使我们的生活变得丰富多彩。

有位妇女，在用洗衣机洗衣服后发现，衣服上总会沾上一些小棉团之类的东西。有一天，她突然想起小时候在山岗上捕捉蜻蜓的情景。她想，小网可以网住蜻蜓，同样也可以网住那些小棉团。于是她用了三年的时间，边做边想，边想边做。终于在经过无数次的反复实验之后取得了成功。这种小网挂在洗衣机内，那些杂物就清除掉了。由于它构造简单，使用方便，成本低廉，受到大家的欢迎。当然她获得了高额的专利费。你看，只要你留心观察生活，它总会带给你惊喜。

任何一个新发明和进步背后，其实都离不开创新能力。怎样运用想象力在事业上取得成功，李维·施特劳斯以他的亲身经历告诉了我们其中的道理：1850年，美国报纸刊登了一则令平民百姓兴奋的消息："美国西部发现了大片的金矿"。那些怀揣着发财之梦的人们，便携家带口地纷纷涌向金矿。21岁的李维·施特劳斯也经不起黄金的诱惑，加入淘金者队伍。来到那里后，看着众多淘金者和一望无际的帐篷，他的发财梦很快就被打碎了。

于是他决定放弃从沙土里淘金的工作，他通过认真考察，发现要想在这里真正赚到钱不是从沙土里，而应该从那些工人身上淘出真正的金子来。就这样李维·施特劳斯用身上所有的钱物。开了一家专销日用百货的小商店。小商店开业以后，李维·施特劳斯忙着进货和销货，由于当时淘金者众多，用来搭帐篷和马车篷的帆布很畅销。看到这种情况，他便乘船去购置了一大批帆布运到工地，没想到货物刚一下船，小百货品就被抢购一空，而帆布却无人问津。于是他问一个淘金的工人："你要帆布搭帐篷吗？"工人回答说："我们现在需要的不是帐篷，而是淘金时穿的耐磨、耐穿的帆布裤子。"李维深受启发，当即请裁缝给那位淘金者做了一条帆布裤子。这就是世界上第一条工装裤。许多人纷纷找他询问怎么样才能买到帆布裤子，于是李维·施特劳斯当机立断，把剩余的帐篷布全部加工成了工装裤，很快便被抢购一空。如今，这种工装裤已经成了一种世界性服装——牛仔服。

牛仔裤以其坚固、耐久、穿着合适获得了当时西部牛仔和淘金者的青睐。经过大胆想象，李维·施特劳斯决定对工装裤做一次样式上的改观。他找到了法国涅曼发明的经纱为蓝、纬纱为白的斜纹粗棉布。用这种面料生产出来的裤子，不但结实耐磨柔软紧身，而且样式也比以前的漂亮多了。这种工装裤一时间在西部的淘金工人、农机工人以及牛仔中间广为流传。

李维·施特劳斯还采用内华达州一位裁缝的建议，发明并取得了以钢钉加固裤袋缝口的专利。李维·施特劳斯所发明的工装裤逐渐具有了今天牛仔裤所特有的样式。李维·施特劳斯的工装裤的样式越来越漂亮，公司越办越红火。淘金工人进城休假时，他们身上的这种工装裤引起了市民的注意，一时间工装裤不仅受到淘金工人的欢迎，同时还受到了普通大众的钟爱。牛仔、大学生、青年纷纷购买李维氏工装裤，渐渐地，这种服装在美国成为一种时髦服装。直到今天，Levis牛仔裤上的钢钉，仍是结实和美观的象征。李维氏工装裤就这样逐渐成为年轻化、大众化和充满青春魅力的象征，不同身份和地位的人开始接受李维氏工装裤。

李维公司已有140年的历史。当今，李维牛仔裤已发展成一种时尚服装，热销全世界。大量的订单如雪花般飞来，李维·施特劳斯于1853年成立了牛仔裤公司，以"淘金者"和牛仔为销售对象，大批量生产。近年来，他们了解到许多美国妇女喜欢穿男牛仔裤。根据这种情况，李维公司经过深入调查，设计出适合妇女穿的牛仔裤、便装和裙子，销售额大增。

你自己潜在的创造力是一生享用不尽的财富，它可以使你战胜任何困难。这些困难并不一定指你所犯的错误或者遭遇的挫折，它们还包括你不知道如何将事情纳入正轨，或者如何解决的一些困难。多数时候，你知道如何解决汽车抛锚的问题，你也知道如何对付经理布置的几乎不可能按期完成的加班任务。所以说，你也具有创造能力，并可以把内心的梦想变为现实的所有能力。

就此而言，创造力是一种最高的力量，或许你对这种力量没有任何概念，但你却会梦到它。创新能力是所有人都具备的能力。那些被认为是有创新能力的人所拥有的创造力其实仅比你多了一点点。

正确的思维是正确行动的前提，推动人生航船的不是帆，而是看不见的"风"。所以，你要学会利用"风"。然而，在碰到问题时，人的惯性思维总是围绕在现有的方法中找出路，杜威说过"人基本上是一种由惯性铸成的动物"。很多时候，人们将惯性归纳为"逻辑"，但逻辑就像是一条被许多人所走过的旧路，但它肯定没有办法带你到达另一个新的地方。这个时候，我们就需要改变自己的思维方式了。

有时候人之所以被一些问题困扰，其实并不是问题本身有什么难度，而是只从一个角度去看它，就像我最开始从窗户看植物一样，虽然非常的努力，甚至绞尽脑汁，但其结果却是钻了牛角尖。所以，其实只要我们换一个角度去看待问题，那么问题的本质说不定就会清晰地呈现在你的面前。不要坠入"非此则彼"、"非黑则白"极端思维的陷阱，要明白在极端之间还有一系列的中间状态。

生活中，我们除了要关心"为什么？"、"怎么办？"之外，一定要关心"怎么想"，从一定意义上说，"你想什么，什么就是你"。工作和生活中，人们难免会遇到矛盾与挫折，但这些就像白纸上的黑点小得微不足道，如果只盯住它，就会一叶障目，不见森林，影响我们生活与工作的态度。我们不妨换个角度，用积极、乐观的心态看待挫折与矛盾，采取正确的办法解决难题，这样不仅能使生活更加美好，也能使工作更加顺心和有意义。

打破思维定式

在很多动物的潜意识中，遇到了暴风雪，肯定要去背风的地方躲起来。但是狼却反其道而行，迎着风雪前进。狼为什么要这么做？因为狼知道，这样做虽然寒冷，但却可以避免被风雪埋没，遭受没顶之灾。

这就是狼的思维模式，看起来不合常理，但往往蕴含着大智慧。

想别人没想到的，做别人没做到的，改变自己的思维定式。也许某个不经意的举动，就可以使你灵光一现，从而创造出卓越的价值。

在美国一个世界级的牙膏公司里，总裁目光炯炯地盯着会议桌边所有的业务主管。为了使目前已近饱和的牙膏销售量能够再加速增长，总裁不惜重金悬赏，只要能提出足以令销售量增长的具体方案，该名业务主管便可获得高达 10 万美元的奖金。

所有业务主管无不绞尽脑汁，在会议桌上提出各式各样的方案，诸如加强广告、更改包装、铺设更多销售点，甚至于攻击对手等等，几乎达到了无所不用的地步。而这些陆续提出来的方案，显然不为总裁所欣赏和采纳。所以总裁冷峻的目光仍是紧紧盯着与会的各位业务主管，使得每个人都觉得自己就像热锅上的蚂蚁一般。

在会议凝重的气氛当中，一个进到会议室为众人加咖啡的新加盟公司的年轻女职员无意间听到讨论的议题，不由得放下手中的咖啡壶，在大伙儿沉思于更佳方案的肃穆之中时，她怯生生地问道："我可以提出我的看法吗？"总裁瞪了她一眼，没好气地说："可以，不过你得保证你所说的，能令我产生兴趣，否则你随时准备走人。"

这个女孩儿微微地笑了笑，小声地说："我想，每个人在清晨赶着上班时，匆忙挤出的牙膏，长度早已固定成为习惯。所以，只要我们将牙膏管的出口加大一点，挤出来的牙膏就比原来多了一点。这样，日积月累，我们的销售量就会增长了。诸位不妨算算看。"

总裁细想了一会儿，率先鼓掌，会议室中立刻响起一片喝彩声，那个年轻女职员也因此而获得了奖赏，并得到了升迁。

工人李小庆也是一个在细节中求创新的人。李小庆在工厂劳动时经常看到，由于大部分零件的精密度都非常高，为了防止零件生锈，工人们都必须戴手套进行操作，而且手套必须套得很紧，手指头也要能灵活自如，这样一来，戴上脱下相当麻烦不说，手套还很容易弄坏。

为此，他常想，难道只能戴这样的手套吗？能不能改进一下？

有一天，李小庆在帮妹妹制作纸质手工艺品时，手指上沾满了糨糊。糨糊快干的时候，变成了一层透明的薄膜，紧紧地裹在手指头上，他当时就想："真像个指头套，要是厂里的橡皮手套也这样方便就好了！"

第二天清早醒来，李小庆躺在床上，眼睛呆呆地望着天花板，头脑里突然想到：可以设法制成糨糊一样的液体，手往这种液体里一放，一双柔软的手套便戴好了，不需要时，手往另一种液体里一浸，手套便消失了，这不比橡皮手套方便多了吗？

他将自己的这一大胆想法向公司作了汇报，公司领导非常重视，马上成立了一个研究小组，把李小庆也从生产车间调到了这个组里。经过大家反复研究，终于发明了一种"液体手套"。使用这种手套时只需将手浸入一种化学药液中，手就被一层透明的薄膜罩住，像真的戴上了一双手套，而且非常柔软舒适，还有弹性。不需要时，把手放进水里一泡，手套便"冰消瓦解"了。李小庆在细节中求创新的行为终于得到了应有的回报。

在工作中，许多员工抱着坚守岗位的态度，一切因循守旧，缺少创新精神，认为创新是老板的事，与己无关，自己只要把分内的工作做妥即可，舍此无他。这种思想实在是要不得的。要知道，谁也不比谁强，谁也不比谁差。你所拥有的，别人同样也可能拥有。如何能够突围而出，高人一等，唯有打破常规，改变思维。社会所需要的正是那种敢于突破时代和历史的英才。勇于突破、"敢为天下先"的气概是人类社会进步的巨大推动力。

在人们的心中，物美价廉是最佳的搭配。人们希望买便宜的商品，而某皮革厂却反其道而行之，专产高档皮衣，每件上万元。从原料到做工上看，这种皮衣并无特别之处。关键在于它的品牌，以高档名贵著称。就这样，购买者众多，竞相炫耀。

当杨梅在成都最繁华的地段挂出"剪报服务公司"的牌子时，朋友亲戚都说她笨。剪报只是人的兴趣爱好，学生、知识分子等人在闲暇时以剪报打发时间。但剪报公司就让人费解了，难道那些收集简报的人还会购买剪报吗？事实表明，剪报公司走了一条正确的道路。现在商场竞争日趋激烈，商场如战场，《孙子兵法》说：知彼知己，百战不殆。收集信息已成了一些大公司大企业工作的一部分。如果只是坐井观天，把自己限制在一个小范围内，迟早会落后于时代，在竞争中处于劣势，而要专门派人负责收集信息又太没必要。剪报公司的出现，使他们发出"及时雨"的感叹。于是，公司开张半年来，经营状况良好。信息员已由最初的 3 名猛增至 20 名，他们具有较强的专业素质和高度的责任心，能够按客户的需求提供尽可能周到的服务。

"敢为天下先"的胆识和气魄为他们赢得了成功。第一个吃螃蟹的人容易受到别人的尊敬，因为他在前无古人的前提下为人们开辟了一条新的道路。

现代社会告诉我们，风险越大，回报也就越高。在一条新的道路上纵横驰骋，不会受到太多的限制，从而也更有利于发挥自己的能量，找到施展自己才华的舞台。

穿自己的鞋，走自己的路

我们知道狼有着惊人的适应能力。在严寒的冬季，在刺骨的暴风雪中，都有他们坚强的身影，它们的适应能力是任何动物都难以企及的。狼之所以能做到这一点，很大程度上源于它们独有的考虑问题的方式。它们不会步其他动物的后尘，而是不断地根据实际情况完善自己，用自己的优势去和残酷的生存环境抗争。最终，它们走出了一条有自己特色的生存和发展壮大之路。

一个人也是这样，要想有所成就，就不能墨守成规，甘于吃别人嚼过的馍，走别人走过的路，对于家长、专家、权威们唯唯诺诺、亦步亦趋，而必须勇于跨越雷池，走出属于自己的新路。

黛比从小就非常渴望得到父母的赞扬和鼓励，但由于兄妹很多，父母根本顾不上她。这种经历使她长大以后依然缺少自信心。尽管她嫁给了一个非常成功的丈夫，但美满的婚姻并没有改变她缺乏自信心的状态。

直到有一天，她突然意识到必须选择一条属于自己的新路，否则就会庸碌无为地度过一生。她对自己的父母和丈夫说："我准备去开一家食品店，因为你们总是说我的烹调手艺有多么了不起。"

她的父母和丈夫都告诉她说："这真是一个荒唐的主意。你肯定要失败的，这事太难了。快别胡思乱想了！"但这一次，黛比没有听从他们的劝阻，而是毅然采取了实际行动。

生意刚开始的时候的确很艰难，食品店开张的那一天，竟然没有一个顾客光临。黛比几乎被冷酷的现实击垮了。看起来自己似乎必败无疑，她几乎相信父母和丈夫的看法是对的。

不过，黛比终于没有退缩。她决定坚持下去，并一反平时羞涩的窘态，端起一盘刚刚烘制好的食品到她居住的街区，请每一位过往的人品尝。这样做的结果使她越来越自信，因为所有品尝过她的食品的人都认为味道非常好。

今天，"黛比·菲尔茨"的名字已经出现在美国数以万计的食品商店的货架上，她的公司"菲尔茨太太原味食品公司"，也已经成长为美国食品行业中最成功的连锁企业。

只有具有个性的人，才能闯出具有个性的商品品牌来；只有经营具有个性的商品，才能靠个性赚到钱。

一些有声誉的老店和一些名牌商店，消费者对它产生了信任感，价格可以定高一些，这样既提高了商品的价格，也提高了商品的声望。

美国亚利桑那州大峡谷沙漠中有一家麦当劳的分号，游人都喜欢在此解决肚子问题，其实这儿的价格比其他地方的麦当劳连锁店高出一大截，正如店家标榜的"本店价格最贵"，但人们并不在乎，因为此"贵"非彼"贵"，其贵在有理，且看店堂里醒目的"诚告顾客"：

由于本地常常缺水，所需用水需从60千米以外运来，其费用是常规的25倍；为吸引顾客，我们需支付较其他地方高得多的工资；为了在旅游淡季亦能正常营业，本店还得随季节性亏损；又由于远离城市，地处偏僻，本店的原料运输昂贵。所有这些因素使本店的价格昂贵，但我们为的是向您提供服务，相信您会理解这一点。

话说到这个分上，理由再明白不过了。游人尽管吃着"最贵"的汉堡包、热咖啡、土豆条，但没有人被"宰"的感觉，反之觉得钱花得"值"，其实，这里定价的贵最根本的原因还在于麦当劳本身的魅力。1996年美国十大商标中麦当劳超过了可口可乐，并取得第一位。本来以麦当劳"世界各地一模一样"的宗旨，它不应该在地理位置较差的地方提供同样服务而收取更高的价格，这个例外最根本之处是它本身的声誉，这也体现了美国人的精明之处。

没有个性者是永远打不出品牌，也闯不出品牌的；没有个性品牌者是永远也赚不到以品牌为创收渠道的经济效益的。不过，欲创个性品牌者需具备一个前提：要使自己的商品反映出个性，首先是自己做人要先有个性。

　　社会的发展日新月异，人的消费意识和消费品位也日趋于从大众化走向个性化。以自己独具个性的产品适合消费者的个性消费，这已是摆在新世纪经商者面前回避不了的课题。所谓个性产品，就是要为自己的产品制造"人无我有"的营销氛围。

　　针对当今市场的特点，明智的商人把自己的立足点建立于开发"个性化"商品的层面上，从中赢得个性化消费市场。这是一种"人无我有"的个性制胜术，在竞争强手如林的环境里，为开辟赚钱的蹊径，采用"以个性见个性"的办法其效益着实不浅。

　　在"人无我有"的意识上，再往深层次引申，那就是为赚钱敢于为他人不为，做他人不做。做生意，一个简单而又实用的观点就是迎合大众的趣味。于是，许多生意人就成了大众的"情人"。生活中的大众情人会很幸福，但是商场上却不是这样。

　　当所有的生意人都朝着一个地方走过去时，必然造成某种热门行业人满为患的局面。一旦人满为患，就要导致一系列不正当的竞争，一旦有不正当的竞争出现，败者总是苦不堪言。

　　美国有一家颇具特色的时装店女老板南茜，生下第二个孩子后，体重急剧增加，胖了80磅。她接受了自己一下子变成一个胖子的事实，却不能容忍四处找不到胖人穿着的漂亮时装——时髦的新装没有大号码，有大号码的款式则早已过时，与潮流脱节。南茜很生气，一时赌气，决定自己开一间时装店，专卖为胖人而设计的时装。

　　她把店命名为"被遗忘的女人"，因为这是她当时的亲身感受，觉得时装设计家与商人只为身材苗条的女人服务，而忽略了那些为数众多的胖女人。当初她根本无经商计划，只一心想亲自设计一些新型款式的胖人衫给自己穿。因此向老公要了1万美元开了间商店，算是找到了一种发泄愤怒的方式。在别人看来，她肯定是疯了，为胖人开专营店，这是没人做的生意；在这领域较劲，别说赚不来钱，那1万元不赔个精光就算万幸了。

岂料南茜这一举动，恰恰适应了市场需要。原来有很多肥胖身材的女人，久已渴望这类专为照顾她们需要而设的商店的出现。故此南茜的店一开张，便大受欢迎，一年内又急速增加了两间分店。当然，她的生意成功的另一因素是由于南茜的勤恳与努力，她每天坚持工作十几个小时，从设计、生产、零售、批发到打扫卫生都自己兼顾。如今她的"被遗忘的女人"时装公司已有无数分销处，她定期飞往各地巡视业务。南茜惬意得很！

当然，走一条有自己特色的道路，一定会面对各种各样的困难。有时候，连你最亲近的家人和朋友也会联合起来给你泼冷水，反对你。你必须勇敢地坚持己见，只要你能用自己的实际行动取得成功，证明自己是正确的，反对声自然就会烟消云散了。

忌"一条路跑到黑"

狼群在袭击羊群的过程中，充分地体现出了它们的智慧。如果用一种策略不能达到预期的效果，它们会马上改变策略，绝对不会徒劳无功地一条道走到黑。

但生活当中总有不明白这个道理的人，他们做事很有热情，也不缺乏干劲和勇气，他们下了很大的功夫想把一件事做好，可是却怎么都做不好。为什么呢？原因在于他们做起事来很固执，很有"个性"，只按照自己的想法去做，不肯听取别人的正确意见。结果可想而知了，奉劝大家要灵活掌握做事的方式、方法，直着行不通就想法绕个弯，千万不要"一条道跑到黑"。

不要一条道跑到黑，说的是凡事要考虑到多个方面，同时要低调冷静。不能认准一条路就始终走下去。俗话说："条条大路通罗马。"万一有一条路不通，就要及时抽身而退。更不可以高姿态地在这条"死"路上撞得头破血流。

明太祖朱元璋去世后，他的孙子朱允炆为帝，是为建文帝。建文帝在大臣的建议下开始"削藩"，朱元璋的第四子燕王朱棣打着"清君侧"名义起兵，称为"靖难之役"。后来，朱棣攻入南京，建文帝在宫中放火，下落不明。朱棣就即位当了皇帝。

朱棣当上皇帝之后，对原先那些建议建文帝"削藩"的大臣，大肆杀戮，不但杀掉他们整族的人，还在他们的乡里牵连勾结，号称"瓜蔓抄"。建文帝的老师方孝孺是很有名的学者。朱棣想笼络他，好让自己的篡逆行为得到广大文士的承认，安抚民心，于是，刚刚攻下南京的第二天，他就召见了方孝孺，打算让他为自己起草即位诏书。

可是，方孝孺却身穿一身孝服，大声痛哭着来见朱棣。朱棣见此无奈，也只好先做忍耐，还对他很客气。亲自走下来给他端茶倒水，请他卜座。和颜悦色地说："先生何必这个样子呢。我也没有想到会是这种结果，本来是想效法周公辅佐成王的。"方孝孺问："那么成王现在在哪里？"朱棣只好说："他已经自焚死了。"方孝孺又问："那么为何不立成王之子？"朱棣无奈，只好继续顶下去："国家需要年长的君主。"方孝孺就说："为何不立成王之弟？"朱棣终于失去了耐心，他说："这是我的家事，先生何必多管。"于是让左右把笔纸拿上来，说："诏告天下的诏书，一定要先生起草才行。"

方孝孺执笔写了，写的却是一个大大的"篡"字，还说朱棣"万世之后，脱不得此字。"朱棣终于恼了，他大怒道："你不写，不怕我灭了你的九族吗？"方孝孺还真是倔强，当下就顶了回去："灭我十族又如何！"

按照传统的做法，即使是株连，也只是到九族为止，并没有所谓的"十族"。但朱棣是个十分残暴的人，他把方孝孺的朋友学生也算上，这就是"十族"了。而且立刻令人把这些人抓来，当着他的面杀死。方孝孺只得忍泪不顾。最后，被凌迟处死。

方孝孺的"十族"一共八百七十三个人，就因为他这一句话，被统统处死。固然方孝孺是高扬了气节，可那些亲戚学生们却是十分无辜的。而且，他的以死抗争，也不可能改变既成事实。尽管他不肯为朱棣草诏，但朱棣最后还是当上了皇帝。对于他所忠于的建文帝，这样的行为也没有什么用处。其实他要不是这么高调，宁折不弯，而能保持低调，从长计议，或许还能为建文帝报仇。可他这种"一条道跑到黑"的行为，最后对于自己，对于别人，都造成了灾难。处于相似情境的，还有唐代的名臣魏征，但他却采用了明智的低调策略，不但保全了自己，也为国家带来了更多的好处。

当初太子李建成和秦王李世民争夺太子之位,魏征是太子东宫的官员。他向李建成提出建议,劝他先下手为强,杀掉李世民,李建成没有采纳他的意见。玄武门之变后,李世民除掉了李建成,之后做了皇帝,就是唐太宗。

李世民知道了魏征对李建成的建议,就把他召来,十分不满地说:"你为什么在我们兄弟中挑拨离间?"左右的大臣都为魏征担心,他却神态自若地回答说:"可惜那时候太子不肯听我的建议。要不然,也不会发生这样的事了。"李世民很欣赏他的胆识,就和颜悦色地说:"这已经是过去的事,就不用再提了。"还提升他为谏官。魏征感激李世民的器重,转而为他出谋划策,敢于直言尽力谏诤,常常以强盛的隋朝的灭亡提醒唐太宗要"兼听则明,偏信则暗",保持居安思危,为"贞观之治"的盛世做出了重要贡献。

固然,李世民的气度不是朱棣的残暴所能比得上的。但魏征和方孝孺截然不同的结局,也和他们所采取的不同态度有关。方孝孺坚持高调的道德主义。不但自己惨死,还牵连了许多无辜的人,并且于事无补,对国家也没有什么好处。而魏征却能保持低调,务实地和李世民合作,一起造成了唐代的盛世"贞观之治"。正如他所说,人臣有两种。一种是忠臣,一种是良臣。忠臣使自己受到杀身之祸,让君主也陷于恶名。最后既不能保护自己的家人,也不能保住国家。不过是留下一个空虚的名声而已。良臣则不同,即使自己有美好的名誉,也让君主有不错的名声。而且子孙传世,永享福寿。所以他不愿意做那种高调的,宁折不弯的"忠臣",而宁愿采取适度变通的原则,做对国家有实实在在好处的

"良臣"。这也是狼道的法则的体现，这种观点，在我们今天看来，也是有重要借鉴意义的。

调整自己才能不断地发展自己

一匹狼成长的过程，就是一个不断调整和改变自己的过程。因为狼知道，环境是不断变化的，猎物也是不断变化的，如果一直按照一种固定不变的方式生存，必定会遭到淘汰。调整和改变自己基础，而后才能生存，才能发展。

跟狼一样，优秀的人才之所以优秀，就是因为他们能不断地调整自己，发展自己。

爱默生说："所谓优秀的人，乃是指具有正确敏锐的判断能力的人。"掌握人们行为的方向，就是所谓的判断力。而它就像轮船上的指南针，随时测定航向。优秀的人才懂得及时审视自己选择的角度，利用自己的实力来求得好的发展。

我们应该在每天晚上，冷静地反省自己的行为，把失误作为训练自己的教训，做事之前一定要深思熟虑，只有这样才不至于迷失方向。

没有人能对任何事情加以完全正确的判断；但重要的是，以冷静的态度，来思索自己的判断是否正确；然后从中修正训练自己的判断能力。下面这则故事可以给我们以启迪。

两个贫苦的樵夫靠着上山捡柴糊口。有一天在山里发现两大包棉花，两人喜出望外，棉花价格高过柴薪数倍，将这两包棉花卖掉，足可以供家人一个月衣食无虑。当下两人各自背了一包棉花，便往家赶去。

走着走着，其中一名樵夫眼尖，看到山路上扔着一大捆布，走近一细看，竟是上等的细麻布，足足有十匹之多。他欣喜之余，和同伴商量，一同放下背负的棉花，改背麻布回家。

他的同伴却有不同的看法，认为自己背着棉花已走了一大段路，到了这里丢下棉花，岂不枉费自己先前的辛苦，坚持不愿换麻布。先前发现麻布的樵夫屡劝同伴不听，只得自己竭尽所能地背起麻布，继续前行。

又走了一段路后，背麻布的樵夫望见林中闪闪发光，待近前一看，地上竟然散落着数坛黄金，心想这下真的发财了，赶忙邀同伴放下肩头上的麻布及棉花，改用挑柴的扁担挑黄金。

他的同伴仍是那套不愿丢下棉花，以免枉费辛苦的论调。并且怀疑那些黄金不是真的，劝他不要白费力气，免得到头来一场空欢喜。

发现黄金的樵夫只好自己挑了两坛黄金，和背棉花的伙伴赶路回家。走到山下时，无缘无故下了一场大雨，两人在空旷处被淋了个透湿。更不幸的是，背棉花的樵夫背上的大包棉花，吸饱了雨水，重得完全无法再背得动，那樵夫不得已，只能丢下一路辛苦舍不得放弃的棉花，空着手和挑着黄金的同伴回家去了。

许多成功转化的关键，在一开始人们也许看不出它的内在潜力，这时抉择的正确与否，就已经成为成功与失败的分界线。在面对机会时，有三种选择方法：第一种是单纯且平静地接受；第二种是抱着怀疑的态度观望；第三种是固执地不肯接受。

在人生的每一次关键时刻，谨慎地运用您的知识，做最正确的判断，选择属于您的正确方向。同时别忘了随时检视自己选择的角度是否产生偏差，适时地给予调整，千万不能像背棉花的樵夫一般，只凭一套哲学，便欲度过人生所有的关卡。

南怀瑾先生经常说："历史上的伟人，第一等智慧的领导者，晓得下一步是怎么变，便领导人家跟着变，永远站在变的前头；第二等人是应变，你变我也变，跟着变；第三等人是人家变了以后，他还站在原地不动，人家走过去了他还在后边骂：'你变得那么快，我还没有准备你就先变了。'三字经六字经都出口啦，像搭公共汽车一样，骂了半天，公共汽车已经开到中途啦，他还在骂。这一类的人到处都是，竞选失败了，做生意失败了，都是这样，一直在骂别人。所以大家都要做第一等人。知道怎么变，等它变到了，你已经在那里等着了。"

做人就是这样。您必须想着法子变出新花样，想出新的东西，创造出新的玩意，也就是说，人生如果不能创造和创新，就没有发展。不发展，别人进步了，就意味着您落后，意味着您被社会淘汰，意味着被人超过去，甚至意味着被人家"取而代之"。

洞悉被别人忽略的盲点

在干旱的季节，狼的猎物会非常匮乏，有时候连续好多天狼都只能处在饥饿状态。在这种情况下，为了维持生存，狼在寻找猎物的过程中不会放过任何一处可疑的痕迹，用心洞悉其他动物忽略的盲点。因此狼总能在看似不可能的地方得到自己梦寐以求的食物，轻松地度过这一段艰难的日子。

想在市场经济社会中立足，我们需要的就是狼的这种洞悉盲点的眼光。大多的眼球总是跟着热点走，很少有人从这种"虚热"的背后，看到一些有价值的机会；但是有心人就会洞悉到被这些跟风者们忽略的市场盲点，这些盲点在他们手中就变成了成功的胚胎，价值的种子。

歌颂财富，赞美成功，是这个时代的主旋律，人们每天忙碌、辛勤工作的动力就是追求财富的热切愿望。先知先觉者已经在各自的领域内树立起了一面财富的大旗，后知后觉者则在苦苦寻觅可以插下财富旗帜的山头。在这个越来越成熟的市场中，提供给后来者的机会不是很多，但是就有好多人可以在激烈竞争的夹缝中找到一些被人忽略的盲点，看准了人们生活习惯中蕴藏的商机，果断出击，一跃成为财富新贵。于是乎，这些新贵们都兴高采烈地跑到那些已经插满财富旗帜的山头，倍感荣幸地也将自己的那面也插到了上边。

"填空当"是一门大学问。机会的场地上虽然看上去似乎已经座无虚席，但只要你挤上去，总会找到立足之地。俗话说"见缝插针"，寻找商机必须有眼光和灵活性。别人横着站，你不妨侧身而立，利用好别人剩余下的空间，你也完全可以站得安稳牢靠。

长沙长富利公司的老板陈子龙被誉为"填空当"的专家，他的成功经验是12个字：人无我有，人有我专，人缺我补。这套经验是陈子龙在长期实践中摸索出来的。年轻时，陈子龙只是一个小商人，开着一家小副食店，由于实力薄弱，时时面临着对手的挤压，几番风雨之后，陈子龙终于想出了"填空当"的妙招。

有一天，陈子龙来到开在五一路的分店，发现该店生意很不景气，心里很不是滋味。经过了解，原来在离分店100米处新建了一栋百货大楼，招徕顾客的手段高明，客流量大，货源充足，有着许多优势，而他的分店在品种竞争、场地竞争等方面都处于劣势。鉴于这种情况，陈子龙决定利用自身"小"的特点去求发展，他注意到那家大商场的营业时间是早上9时到晚上8时，这使得一些早出晚归的顾客想买临时需要的商品很不方便，于是，陈子龙调整了该分店的营业时间，将以前的"早9时晚8时"改为从早上6时至10时和从下午3时至凌晨2时两段，使营业时间基本上与那家大商场错开，这种与众不同的营业时间正好满足了那些早出晚归的消费者，起到了"补空当"的作用。

陈子龙的商场不仅从商品品种、货源储备、顾客需求变化上进行考虑，而且注意在时间差、服务态度上突出自身的特点，尤其是别人不太注意的细微之处，他更是通过看、问、比、试，不断发掘可供自己利用的特点，使各家分店在不同的销售环境里勇于创新，不断吸引顾客，提高商店的声誉。

凭着"填空当"这一招，陈子龙在夹缝中求生存，不断发展壮大，终于成为长沙现在屈指可数的大老板之一。陈子龙每次都是在大局不利的情况下致力寻找商机，巧胜对手。

"填空当"的要点是填补其他商家经营上的空当以吸引顾客，占领市场。陈子龙这一招就是从人们的生活习惯着手，既提高了自己的经营业绩，同时也避免了同对方的无效竞争。工作性质不同，工作时间当然会有差别。

聪明人总是能够发现别人忽略或根本不知道的机会空间，并且善于利用、开拓。他们独辟蹊径，从小路杀到大路上。由于少了竞争和阻力，他们往往能比别人更有优势，因此也能更领先一步。

在他人想不到的地方下功夫

在草原上，一匹饥饿的狼看见一匹疲弱的马，可是马后面不远处还跟着猎人。从表面上看，这并不是一次很好的机会，甚至危险系数还相当高。但是狼并不逃跑，它通过精确计算人与马的距离，争分夺秒地扑了上去，抢到一口是一口，能吃多少就吃多少，最后把不可能的机会变成了可能。

很多人发现，机遇是一种偶然，也是一种必然。因为有的人注定会发现很多机遇，即使机遇离他很远，也一眼便能看见；而有的人则注定一生不能发现机遇，即使机遇就在眼前。这就是平凡者和伟大者的区别。经过分析发现，这种区别在于他们自己的眼光。平凡者的眼光是平凡的，即便看见一些不平常的现象，他们也会习以为常，走马观花匆匆而过。然而就在他习以为常的现象后面，往往躲着他找寻已久的机遇。而对于那些成功者而言就不一样了，即便是一件平凡的事情，在他们眼中都会有不平凡之处，他们能发现藏在这些现象背后的机遇，即便要找寻这个机遇得拐好几个弯，他们也不会错过。当一个人处于一种难以解脱的困境或者是在工作中遇到难题时，要善于从原有的思维中跳出来，换一个角度或者是思维重新去考虑问题，寻求解决之道，因为只有你的"心"变了，才能迎来新的曙光。

想别人所不能想的，做别人所不能做到的。以小事为突破口，在细节上下功夫，在别人没有注意到的地方做足了文章，你才能在与别人的竞争中取得优势。

有这样两位秘书小姐，一个将车票买来，就那么一大把地交了上去，杂乱无章；另一个却将车票整齐地装进一个大信封，并且在信封上写明列车车次、座位号及起程、到达时刻。后一个秘书小姐是个细心人，虽然她只是注意了几个小的细节处，只在信封上写上几个字，却使人省事不少。

在细节上下功夫的秘书小姐，受老板青睐也是必然的。下面这个小职员被提升，虽然事情不同，但却与那位秘书小姐有异曲同工之妙。

德国某公司的一位女职员专门负责与公司有业务往来的客商的接待工作。其中与公司有重大业务往来的是一家日本公司。为清楚地了解两家公司的合作项目，日本公司的经理需要经常往来于慕尼黑和他们的投资地柏林，而订票的工作也就理所当然地归于那个女职员了。但令那位日本经理奇怪的是：在坐车去柏林时他的座位总是在右边，而当他返回慕尼黑时，座位却都在左边，每一次都是这样，从来都没有一次例外。

终于有一次，他忍不住问了这个女职员。女职员微笑着对他说："我想外国的客人来到德国肯定都喜欢见到柏林墙，所以我就给您做了这样的安排。这样您便可以在任何时候都能见到墙柏林墙了。"

日本经理听到这样的话备受感动。他认为德国这家公司的员工能够细致入微得连这样的小事都能够想到，与他们合作自然是毫无差错了。于是他决定，给这家公司增加一笔数目可观的贸易额，这个女职员也理所当然地得到了提升。

在工作中认真细致，在细节上下大功夫，想别人没想到的，做别人没做到的，也许你就能做出别人意想不到的事情，在职场中你便能轻松获胜。